融合型·新形态教材
复旦学前云平台 fudanxueqian.com

普通高等学校学前教育专业系列教材

0~6岁儿童
社会情绪发展指导

主 编 张劲松

副主编 徐明玉 任 芳

复旦大学出版社

内容提要

本书分为两部分，第一部分：0~6岁儿童社会情绪发展和促进；第二部分：0~6岁儿童情绪和行为筛查及问题指导。本书的基本理念是普适于所有婴幼儿的心理健康促进、对常见问题的早期发现和基本干预，避免或降低发展为长大后更严重的心理问题的程度或概率。旨在帮助密切接触0~6岁儿童的初级工作者、家长和幼教学生了解各个婴幼儿时期的社会情绪发展特点，知晓需要提示可能有问题的早期预警信号，学习一些简单易行的心理健康促进方法，这些方法是促进婴幼儿积极发展的基本策略，并设计了很多活泼有趣的游戏，适合于家庭及幼教机构操作。最后，针对0~6岁儿童中常见的情绪和行为问题，介绍了几种筛查方法和处理办法。本书图文并茂，通俗易懂，可供学前教育专业学生及临床医生使用，也可作为幼儿教师的在职培训教材，并适用于广大从事幼教专业人员及儿童家长学习参考。

前 言

"着眼一生发展,心理健康从婴幼儿开始",这是我对所负责的临床心理科提出的科室宗旨,源自我从事精神卫生工作近30年的深刻体会。我从成人精神卫生临床工作入行,很快转到儿童气质研究,开始了20多年的儿童精神心理研究和以儿童精神心理为主的临床工作。我曾经多年在儿童保健科(后更名为发育行为儿童保健科)的工作经历使我有机会接触婴幼儿,我的跨精神科、心理学专业背景结合在儿童保健科的实践经历,使我可以多元化视角评估婴幼儿的问题。我的来访者虽然以儿童为主,但我一直坚持接诊成人来访者和参加相关培训,又使我以着眼一生发展为思考并处理每一个服务对象。

婴幼儿最先接触的健康领域专业人员是儿科医生,其中负责常规健康管理的人员就是儿童保健医生以及近年国内新发展的发育行为儿科医生,虽然儿童心理健康的重要性已经为国内外心理健康领域专家所认识,婴幼儿的躯体健康和心理健康密不可分,但在现实中很多儿童医务工作者和照养人并未向重视躯体健康一样重视心理健康,且在实践中需要更简单、可操作性的方法便于基层医生和家长使用。

目前,在基层儿童保健进行的儿童保健常规体检中,对婴幼儿认知、情绪和个性等心理行为特征的发展状况缺乏定期的筛查评价和指导;在家庭中,也缺乏对婴幼儿进行日常心理健康监测的方法和具体措施。

基于儿童心理发展的特点,在儿童保健门诊和家庭中可采用简易的方法进行定期性监测和日常中的及时性监测。检测的结果不是分数提示异常,被评估的孩子就一定异常,而是提醒要予以警惕和关注,检测目的是早期发现可能存在的问题,进行早期干预,从而促进婴幼儿的心理健康发展。

本书是为幼教机构工作人员和基层儿童保健医生在日常工作中提供必要的指导,使得基层医生能够帮助0～6岁儿童并发现成长的心理问题,特别是0~3岁的婴幼儿及其家长理解社会情绪健康发展的重要性。本书内容包括:婴幼儿各个月龄阶段社会情绪发展的基本特点,需要特别关注的警示信号,以及家长和照养者可以采取的促进婴幼儿情绪发展的基本策略。最后附注基层儿童保健医生发现问题后可以寻求帮助的专家信息,以及转诊医院的相关介绍。

本书属于2012～2013年0～6岁儿童健康发育评估方案项目的成果,我当时兼任儿童与青少年保健科主任,原上海市儿童保健所姚国英所长授予我任务,姚国英所长在任期间重视推进上海市基层儿童保健医生对婴幼儿心理健康的培训,曾与我一起主编《0～6岁儿童心理健康保健——儿童保健医生指导手册》。本书可以说是继前面手册之后更具有实际操作的工具。2014年启动编写,上海交通大学医学院附属新华医院发育行为儿童保健科徐明玉医生和任芳医生参与编写,徐明玉医生主要编写第一部分,任芳医生主要编写第二部分。由于各种事宜繁忙被一度搁置修改。本书的评价方法和指导策略遵从儿童心理发展基本规律和核心特质,这些基本规律和核心特质不是几年就轻易改变的,而操作方法是灵活的。近几年,儿童保健医生越来越重视婴幼儿心理健康评估和指导,因此本书正合时宜。

编写这本书的目的是为基层儿童保健医生、幼教机构工作人员和家长提供适合0～6岁婴幼儿心理健康促进的具体方法。可以结合《0～6岁儿童心理健康保健——儿童保健医生指导手册》使用本书。本书分为两大部分内容:第一部分为婴幼儿各个月龄阶段社会情绪发展的基本特点,需要特别关注的警示信号,以及家长和照养者可以采取的促进婴幼儿情绪发展的基本策略;第二部分为0～6岁婴幼儿常见情绪和行为问题的筛查及指导,包含3个筛查问卷和常见心理相关问题的处理方法。

张劲松

2018 年 9 月

目 录

0~6岁儿童社会情绪发展和促进

一、 促进0~6岁儿童社会情绪发展的总体目标

0~1岁婴儿社会情绪发展指导

✎ 促进愉快情绪

✎ 促进最初的情绪识别和表达能力的发展

✎ 促进与周围人发展积极的互动

✎ 促进与照养人建立爱和信任的关系

1~2岁幼儿社会情绪发展指导

✎ 促进基本的情绪识别和表达能力

✎ 促进与周围人的积极互动和社会交往的发展

✎ 促进与照养者建立爱和信任的关系

2~3岁幼儿社会情绪发展指导

✎ 促进自我认同

✎ 促进自主意识和自主性的发展

✎ 促进想象的萌芽

✎ 促进与周围环境的接触

4~6岁幼儿社会情绪发展指导

✎ 为个性发展创造良好的氛围

✎ 培养独立意识、自我调控能力
✎ 促进良好的自我感觉良好
✎ 发展与外界的交往、同伴关系、社会适应能力

二、 各年龄段婴幼儿社会情绪心理发展特点和促进策略

（一）0～3个月社会情绪心理发展和促进策略

0～3个月婴儿社会情绪发展里程碑	警示信号
❀ 注视人脸，对母亲的不同表情做出反应。 ❀ 对声音有反应，特别喜欢父母或照养者的声音。 ❀ 对人微笑（发出社会性的微笑）。 ❀ 对成人的安抚有反应。	💡 3个月不会对着人笑。

宝宝在出生后1个月，就可以用哭声来表达需求，似乎在告诉照养者"我饿了""我不舒服"或者"我要有人陪着"。宝宝在4～6周时开始更容易对人发出微笑，并且会模仿微笑，意味着出现社会性微笑，这对宝宝和照养者来说都是重大的转折，宝宝的社会性交往从此开始。当照养者微笑时，宝宝也会热情地回应。宝宝有时会模仿照养者夸张的面部表情，如照养者吐吐舌头，宝宝也会跟着吐吐舌头。

宝宝的笑让他（她）在除了哭之外，拥有了另外一种表达方式，他（她）可以用笑来表达对需要的满足，这时的宝宝虽然不会说话，但用哭和笑就可以对周围的事情有一定的控制。从2～3个月起，宝宝开始学习咕咕发声，大笑或者尖叫。当吃饱了、穿着舒服了、尿布换好了、有亲人陪伴在身边时，宝宝就会心满足地发出微笑，否则就会哭泣直到需求得到满足。宝宝对各种声音很敏感，特别是喜欢熟悉的照养者的声音，能够识别照养者的声音，听到照养者的声音就容易安静下来。到第2个月时，宝宝在清醒时会用很多时间来观察周围的人，倾听他（她）们的谈话，对照养者的表情很敏感，当看到他（她）们对他（她）微笑时，就会很开心，并且也回报以微笑。这个月龄阶段的宝宝的安全感来源于照养者对宝宝敏感得当的反应，比如醒来就听到妈妈的声音，看到妈妈那充满爱意的脸。不安地大哭时，照养者温柔的目光和抚慰可以帮助宝宝平静下来。如果宝宝因饿了、尿布湿了或要人陪着玩等需求而哭泣时，如果照养者不理会、不去照料，经常得不到恰当的关注，宝宝就会产生不安全感。

0~3个月婴儿早期教养指导原则
满怀爱意地注视婴儿。
和宝宝讲话或者唱歌给他(她)听,与宝宝说话时带着丰富的表情,做出夸张的手势。
时刻给予宝宝温暖的微笑。
当宝宝哭泣时,抱起宝宝,给予温暖的怀抱和安慰。

在宝宝出生后的头3个月,照养者要能对宝宝的哭和笑做出及时而恰当的反应,使宝宝获得最初的安全感。要微笑着逗宝宝,引发宝宝对周围人感兴趣。

促进方法——相关游戏介绍

亲子游戏1:逗你玩

💙 **目标:**培养宝宝的愉快情绪,促进亲子间的情感交流。

💙 **准备:**安静的环境。

💙 **玩法:**

1. 把宝宝从床上抱起来,贴近成人的身体,望着宝宝做出比较夸张而有趣的面部表情,以吸引宝宝的注意。

2. 重复表情多次,逗弄宝宝,让他(她)发笑或者停止哭泣。

3. 如果宝宝回应不多,可以发出一些特别的声音,增加趣味性,吸引宝宝的注意,观察宝宝的反应。

💙 **分析:**通过观察成人的面部表情,体验快乐的情绪,有利于建立良好的亲子关系。

亲子游戏2:摇一摇

💙 **目标:**体验快乐情绪,增进亲子关系。

💙 **准备:**安静的环境、婴儿摇床、儿歌。

💙 **玩法:**

1. 让宝宝躺在摇床上,并用手轻轻摇动宝宝的摇床,边摇边唱儿歌,如《世上只有妈妈好》《摇篮曲》《雪绒花》《摇啊摇,摇到外婆桥》等。微笑着注视着宝宝,时而轻声地呼唤宝宝的名字,逗弄宝宝笑出声音。

2. 当宝宝表现出开心,有高兴的表情或者微笑的反应时,成人立即用夸张的笑容作出回应,或者亲亲宝宝的脸,表示赞赏,鼓励宝宝作出回应。

♥**分析:**家长在哼唱儿歌的时候,应注意仔细观察宝宝的反应,声音要轻缓、温柔并且有明显的节拍。

亲子游戏 3:欢乐时光

♥**目标:**体验快乐情绪,增进亲子关系。

♥**准备:**日常生活情景(喂奶、换尿片、洗澡)。

♥**玩法:**

1. 在给宝宝喂奶的时候,保持与宝宝的目光接触,用充满爱意的眼神看着宝宝,或发出愉快的声音逗宝宝吸吮奶。

2. 在给宝宝换尿片的时候,可以做出一些夸张的表情,并像宝宝能够听懂那样和他(她)说话:"宝宝拉臭臭了,很臭啊,妈妈给宝宝洗屁屁,洗干净就香香了。"

3. 在给宝宝洗澡的时候,一边洗一边跟宝宝说:"洗澡澡,哗啦啦,洗洗头、洗洗背、洗洗小肚子,搓搓手、搓搓脚、搓搓小屁屁,洗个干干净净的好宝宝。"

♥**分析:**在喂奶、洗澡、换尿片等日常生活情景中,通过与宝宝的言语和非言语互动,让宝宝体检快乐的情绪,促进亲子间的情感交流。

亲子游戏 4:漫步说唱

♥**目标:**体验快乐情绪,增进亲子关系。

♥**准备:**安静的环境。

玩法：

1. 宝宝清醒时、吃完奶，照养者抱起宝宝，一边踱步一边对着宝宝讲话、唱儿歌，眼睛看着宝宝，也吸引宝宝看着你，就这样与宝宝保持目光接触，并按着歌谣的节拍轻轻摇动。

2. 可以间歇地停止说话、唱歌片刻，引发宝宝看向你。若宝宝有微笑或发出声音等反应，就再开始说唱。

分析：可以重复进行，每次 20～30 分钟或至宝宝发出其他需求信号就停止。

亲子游戏 5：安抚游戏

目标：促进愉快情绪的产生。

准备：摇篮、安静的环境。

玩法：

1. 当宝宝烦躁或者疲倦的时候，把宝宝放在舒适的摇篮里，缓慢而有节奏地摇晃摇篮，同时可以轻轻抚触宝宝的胳膊、腿、肚皮、后背、小脚和小手，令宝宝感到舒服。

2. 随着慢慢摇晃摇篮的节奏，还可尝试轻柔地捏捏、挥动宝宝的小手指和小脚趾，一边动一边念出"手指歌谣"（一个手指点点点，两个手指敲敲敲，三个手指捏捏捏，四个手指挠挠挠，五个手指拍拍拍，五个兄弟爬上山，叽里咕噜滚下来）。

3. 在给宝宝换尿布的时候，也同样可以捏捏或晃动宝宝的手指、脚趾、胳膊和腿。

分析：在舒适的游戏中让宝宝体验愉快的情绪。

注意事项：

❋ 倾注爱心，保持耐心。

❋ 放声大哭是这一阶段宝宝的正常表现，是宝宝表达饥饿、不舒服、疼痛等感觉的正常方式，也是宝宝用来吸引父母或照养者注意的唯一方式。出生6周左右，是宝宝哭闹的高峰期，3个月的宝宝大约每天哭吵1个小时，以后随着月龄增加哭吵时间逐渐减少。当宝宝哭吵时尽量陪伴宝宝，抱起并安抚宝宝，让宝宝了解他（她）不孤单，无论什么时候你都会陪伴他（她）。如果宝宝过度哭吵（哭声尖利并且难哄）要及时就医。

（二）3～6个月社会情绪心理发展和促进策略

3～6个月婴儿社会情绪发展里程碑	警示信号
❀ 开始与人玩，能够发起社会性互动。 ❀ 高兴时手舞足蹈，发声或大笑。 ❀ 与照养者共同注意看一个目标（对感兴趣的事物）。 ❀ 能认出熟悉的人，对熟悉的人笑得更多。	💡 不能被逗笑。 💡 很少注视人。

现在宝宝能够更多地和人交流、表达自己的需要，会手舞足蹈，会发出高兴和不高兴的声音，会不时地用"啊啊""哦哦"等声音表达自己的需要和感受，喜欢别人与之逗着玩。这期间的宝宝，哭的时候不再只是因为饥饿或者不舒服，可能想要拿到一个玩具或要妈妈在身边。宝宝和照养者的关系越来越密切，会在早上醒来第一眼看到妈妈的时候发出愉快的声音，随着月龄的增长，会用各种方式表达浓浓的爱意。例如，用一个大大的灿烂笑容来回应你的微笑；或用愉快的目光注视你，或者用微笑来引起与家长的互动。

当你在宝宝旁边有节奏地随着音乐摇摆的时候，宝宝也会有节奏地挥舞他（她）的小胳膊、小腿；当你抱着宝宝或者轻轻地摇晃他（她）的时候，宝宝会表现得很放松、很舒服，也许还会发出愉快的"咕咕"声；宝宝总是兴致勃勃地注视你的脸；当你暂时离开的时候，宝宝会满怀期待地希望再次看到你的脸或者听到你的声音，当出现时表现得很兴奋；如果你中途停止了和宝宝的游戏，宝宝可能会表现得有些沮丧。

宝宝偶尔在照养者离开房间或者突然面对一个陌生人的时候会哭，这是因为他（她）对照养者已经产生了强烈的依恋。宝宝现在认为照养者和他（她）的安宁幸福是密不可分的，能够把照养者和陌生人区分开来。也许宝宝没有大哭，但是他（她）可能会好奇地一直盯着一个陌生人的脸,这也说明他(她)能够明白谁是陌生人。

这时,宝宝似乎开始学习交谈,最早从3~4个月开始,宝宝可以先安静地倾听他(她)人说一会儿话,然后牙牙学语,接着等待一会儿,好像在期待回应。大约6个月的时候宝宝开始发出几个重复的双音节,如 ma-ma-ma,da-da-da。所以,要尽量多地和宝宝说话,给他(她)讲故事,为他(她)唱歌,同他(她)"聊天",你会得到宝宝意想不到的反馈。

3~6个月婴儿早期教养指导
开心地和宝宝一起游戏,多逗宝宝笑。
分享宝宝的笑声和喜悦,尽可能持续宝宝的愉悦情绪。
注意宝宝感兴趣的事物,在宝宝保持注意的时候,可以适当地给予描述。
对宝宝的哭吵和咕咕声积极回应。

促进方法——相关游戏介绍

亲子游戏1:藏猫猫游戏

💜 **目标:** 培养宝宝对人的关注,体验快乐情绪。

💜 **准备:** 小毛巾。

💜 **玩法:**

1. 让宝宝仰卧在婴儿车或者婴儿床上,脸朝向成人,然后逗弄宝宝,跟他(她)说话,轻轻地触摸他(她)的小脸,以吸引宝宝注视成人。

2. 拿出小毛巾遮住宝宝的视线,或者用小毛巾盖住宝宝的脸,过一会儿再拉开小毛巾,并发出有趣的声音,逗弄宝宝微笑,做出反应。

3. 也可以用小毛巾挡住成人的脸,过一会再拉开,同样发出有趣的声音和宝宝互动。

4. 让宝宝仰卧,脸朝向成人,同时往上提起他(她)的双腿——"起,起,起"——直到双腿掩住成人的脸。然后把双腿敞开,当宝宝明白了游戏的玩法,会主动自己移动双腿。

💜 **分析:** 在藏猫猫过程中,宝宝学习关注识别基本表情,体验快乐的情绪。

亲子游戏2:陌生人

💜 **目标:** 通过有意识地与人交往,减轻陌生人焦虑。

♥ **准备**：陌生人。

♥ **玩法**：

1. 当宝宝看到陌生人的时候表现出害怕，例如，依偎着或者大声哭，成人应抱着宝宝轻轻拍并轻声地说话加以安慰。

2. 同时尝试介绍陌生人，对陌生人表示友好，并在稍微有点距离的地方和对方打招呼。

♥ **分析**：过程中应观察宝宝是否会停止哭泣或者注视对方。通过有意识地与人交往，培养宝宝和陌生人在一起时具有稳定情绪。

亲子游戏 3：挠痒痒

♥ **目标**：感受快乐情绪，增进亲子关系。

♥ **准备**：安静的环境。

♥ **玩法**：

1. 与宝宝一起躺在床上和宝宝玩身体"呵痒"的游戏，引发宝宝发出笑声或者声音。

2. 继续把宝宝抱近成人的身体，重复游戏，并尝试把成人的脸靠近宝宝，引导或者协助宝宝用手触摸成人的脸。

♥ **分析**：在舒适的游戏中宝宝感受有趣愉快的情绪，以利于良好亲子关系的建立。

亲子游戏 4：听爸爸妈妈说话

♥ **目标**：感知不同语言的节奏特点，发展倾听能力，练习发声，增进亲子关系。

♥ **准备**：宝宝清醒、情绪良好。

玩法：

1. 妈妈抱着宝宝,和宝宝说话,呼唤宝宝的名字,鼓励宝宝发出咿咿呀呀的声音。

2. 爸爸在身后喊宝宝的名字,和妈妈交替对宝宝说话,引导宝宝关注爸爸妈妈并发声。

分析：游戏过程中成人说话声音尽量大、音调有变化,宝宝在倾听中感知不同语音的节奏特点,激发发声的兴趣。

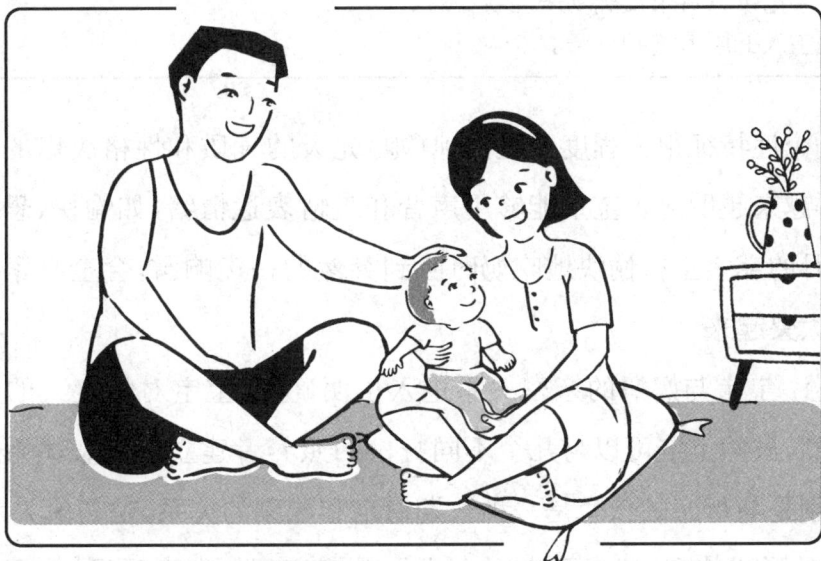

注意事项：

✿ 市面上会有各种玩具,包括闪卡、各种很炫的发声发光的玩具、电脑软件等,但是请记住所有的这些都没有你的陪伴来得重要,与跟你在一起玩,和你建立充满爱意的亲密关系比起来,所有的玩具都显得那么苍白无力。

转换照养者最好时机：这个时候妈妈可能已经开始准备上班了,在这个"陌生人焦虑期"还没有正式到来的时候,让他(她)熟悉一些将来要照养他(她)的人,比如祖父母、保姆等。这样有助于宝宝在焦虑期过得顺利一些。

为宝宝建立规律的生活习惯：想要帮助宝宝建立安全感和自信心,让宝宝今后对周围发生的事情尽在掌控。你现在所能做的,就是要从宝宝这个月龄开始为他(她)建立良好的生活习惯,每天固定的时间,以固定的程序进行日常起居。例如,早晨起床和他(她)说一会儿话,然后换尿片、喂奶、讲故事,等等。

（三）6～9个月社会情绪心理发展和促进策略

婴幼儿发育里程碑	警示信号
✿ 能够用声音和表情表达情绪。 ✿ 对自己名字有反应。 ✿ 建立依恋。 ✿ 分离焦虑。 ✿ 吸吮手指或者寻求安抚物来自我安慰。 ✿ 对陌生人的焦虑达到高峰。	💡 未建立安全性依恋。 💡 缺乏陌生人焦虑。

宝宝细微的个性特征很大程度上是由他（她）先天的气质和性格决定的，在这几个月里这些特征会变得越来越明显。宝宝能够用声音和表情表达情绪，如愉快、恐惧、厌恶、愤怒，例如，一个6个月的宝宝正在愉快地吃奶时听到突然的一声响雷，会全身紧张并停下吃奶，愣住2～3秒后大哭起来。

1. 建立依恋：宝宝与妈妈的亲密关系进入了明确期，宝宝对特定人的偏爱（一般是妈妈）变得特别强烈，虽然宝宝可以与几个不同身份的照养者建立起依恋关系，但大多是暂时的，而与父母特别是与母亲的依恋是一种长期稳定和深刻的关系，是其他关系难以替代的。

6、7个月开始形成依恋，其主要表现方式是微笑、啼哭、咿咿呀呀、依偎、追随等。宝宝与依恋对象在一起时会感到最大的舒适、愉快和安全，有了这种感受，他（她）们就能安心地玩耍，在陌生的环境中也能最大程度地克服焦虑和恐惧，去探索周围的新鲜事物。依恋的表现因人而异，以与母亲的依恋为例，形成了安全性依恋的儿童有安全感，与母亲在一起时能安静地玩玩具，对陌生人的反应比较积极，但并不总是依偎在母亲身边。当母亲离开时，明显地表现出苦恼、不安，当母亲又回来时，他（她）们会立即寻求与母亲的接触，但很容易抚慰，并很快平静下来继续游戏。2/3的儿童属于安全性依恋，另有1/3的儿童属于不安全性依恋，主要表现出对母亲回避、反抗的依恋特点，他（她）们实际上并未形成与母亲的亲密依恋关系，表现为对母亲在或不在都无所谓，或是在母亲要离开时表现出极度的反抗、大喊大叫，但与母亲在一起时仍显得反抗、发怒，不容易安抚。

2. 分离焦虑：6～8个月的婴儿，随着与母亲或照养者建立依恋的同时，明显地表现出反抗与照养者的分离，当离开依恋者时就会很痛苦并哭喊。分离焦虑的特征行为表现为不高兴或者愤怒。随着时间的推移，分离焦虑表现为以下几个阶段。在最初的阶段，宝宝表现得很不高兴，大声哭闹，扔掉身边的东西，把递给他（她）的玩具食物扔掉，急切地盼望妈妈回来。随着分离时间的延长，宝宝发现他（她）的抗议行为并不能使妈妈回到他（她）身边,这种"抗议的行为"慢慢趋于平静,而表现为对周围的环境事物淡漠,不感兴趣,悲伤难过。进入第二阶段,虽然宝宝仍期盼着妈妈回来,但不像第一阶段表现出的行为那么激烈和主动,只是间断的单调的哭几声,表现为退缩和对周围照养者的很少要求。这提示宝宝渐渐对妈妈的回归开始失望,而沉浸于浓浓的悲伤中。进入最后一个阶段的时候,宝宝表现出对周围环境的兴趣有所增加,不再拒绝周围的照养者,能够接受他(她)们提供给他(她)的食物、玩具和照顾,甚至会有一些互动,但是当再看到妈妈时,那种依恋的行为就会又回来了。

3. 对陌生人的焦虑:一般在6～8个月时会产生怯生,即陌生人焦虑,见到陌生人表现出害怕不安、转头对于外人,即使是不生活在一起的爷爷奶奶,宝宝也可能会表现出不安和害羞。当宝宝处在一个陌生的环境中,这种行为可能更加明显。8～10个月,宝宝明显地表现出对陌生人的警惕或害怕,甚至大声哭泣,这个时期的宝宝见到陌生人,会把头埋在妈妈的肩膀上,使劲地抓住妈妈依偎着妈妈,试图把自己藏起来,或者大声哭吵,等等。这些反应都是这个月龄阶段宝宝的正常表现,照养者只要尽量安抚宝宝,随着时间的推移,这种情况会慢慢好起来。

4. 自我安慰行为:1岁之前的婴儿,在不愉快时主要是依赖照养者的安抚,但是在这个月龄阶段面对不愉快的刺激或不安的情景,宝宝开始出现早期的自我调控的萌芽,发展出了其他自我安慰行为。最初的自我安慰是婴儿的吸吮,吸吮安慰奶嘴、吸吮手指等,婴儿只要吸吮拇指就会停止哭泣,他(她)也可以将身体转开、摇摆身体、使劲地吸吮手指、拳头或者其他物体。例如,在6～10个月间的婴儿会出现有节律性的摇摆身体、撞头或摇头,或是有节奏地敲击甚至敲打自己,这类现象与婴儿的发育特点有关,节奏可以令他(她)感到愉快或是缓解不愉快的情绪。

婴幼儿早期教养指导
关注并理解宝宝的需要,保持敏感。
用轻柔的声音与宝宝讲话。
多赞扬宝宝,花时间抱宝宝,经常给予宝宝安抚,建立安全依赖。
在建立安全依赖的基础上,做分离游戏,使宝宝体验分离并能耐受分离。
与宝宝玩拍手,躲猫猫游戏。
看图给宝宝讲故事,给宝宝唱歌,念有节奏的儿歌。

促进方法——相关游戏介绍

亲子游戏 1：镜子里的宝宝

♥ **目标**：观察镜子中的人,增强自我认知能力。

♥ **准备**：安全镜。

♥ **玩法**：

1. 先让宝宝照一面安全镜,并呼唤宝宝的名字,观察宝宝的反应。

2. 重复轻声地呼唤宝宝的名字,再次轻敲镜子吸引宝宝的注意,然后帮助宝宝用手去摸摸镜子,并以喜悦的表情及声音赞赏宝宝的参与。

♥ **分析**：宝宝通过观察镜子中的自己,促进自我认知能力的发展。

亲子游戏 2：找妈妈

♥ **目标**：培养宝宝对人的关注,增进亲子关系。

♥ **准备**：宝宝情绪良好,爸爸妈妈共同参与活动。

♥ **玩法**：

1. 爸爸抱着宝宝,妈妈站在稍微远一点的位置或者宝宝看不到的位置,跟宝宝说话："妈妈在哪里?"

2. 妈妈做出有趣的动作,跳出来或者跑到宝宝面前,跟宝宝说："妈妈在这里,妈妈在这里"。

3. 重复数次,爸爸抱着宝宝进行引导找妈妈。

♥ **分析**：在寻找的过程中,培养对人的关注,促进积极亲子关系的建立。

亲子游戏 3：叫名字

♥ **目标**：听懂名字,促进听觉发展。

♥ **准备**：宝宝清醒、情绪良好。

♥ **玩法**：

1. 在宝宝背后叫宝宝的名字,观察宝宝是否有反应,会不会转身寻找。

2. 如果宝宝能转身看向成人,则可以拥抱宝宝,以作鼓励。

3. 当宝宝学会爬行以后,成人可躲在房间里,并呼唤宝宝的名字,鼓励宝宝主动爬到房间里寻找成人。

4. 当宝宝找到成人后,成人表现出开心的情绪并抱起宝宝,以作鼓励。

分析:听懂成人对自己的名字呼唤,对声音进行空间定位,促进听觉能力的发展。

亲子游戏 4:陌生人

目标:在建立起安全依恋的基础上,使宝宝体验分离并能逐渐耐受分离。

准备:不常见面的亲友。

玩法:

1. 平时多与宝宝玩亲子游戏,如躲猫猫、搔痒痒、与宝宝讲话,或者身体按摩等,建立良好的亲子关系。在此基础上可以进行这项游戏的尝试。

2. 把宝宝交给不常见面的亲友抱抱,当宝宝表现出不安或者不高兴时,成人应立刻靠近宝宝,向宝宝伸出手;如果宝宝对成人表示出好感,则抱住宝宝并对宝宝报以微笑。

分析:此项尝试中应特别注意宝宝的情绪反应,如果宝宝反抗或者情绪过度激动,成人应马上抱回宝宝。

亲子游戏 5:短暂分离

目标:培养宝宝独立性。

准备:幼儿情绪良好。

玩法:

1. 当宝宝与成人分离时,成人可以先抱着宝宝加以安抚,并用说话向宝宝解释只是短暂的分离:"妈妈现在有事情要离开一会儿,宝宝自己玩一会儿,妈妈很快就会回来的。"

2. 成人必须在短时间内再次回来和宝宝接触或者和宝宝玩,以增强宝宝独处的信心。

分析:在建立安全依恋的基础上,尝试与宝宝短暂分离,培养宝宝独立性。

亲子游戏 6:多多赞赏

目标:促进宝宝与照养者建立爱和信任的关系。

准备:日常生活情景。

玩法:

1. 在日常生活中多给予宝宝赞赏,增强宝宝对成人的信赖和表达情感的信心。如宝宝能自己玩玩具。

2. 成人应该给予口头的表扬或者拥抱宝宝,以作鼓励。

💗**分析**:成人对宝宝的赞赏能帮助宝宝感受关爱和安全,建立起对周围的信任关系。

亲子游戏7:拍手歌

💗**目标**:体验快乐情绪,增进亲子关系。

💗**准备**:《拍手歌》。

💗**玩法**:

1. 和宝宝面对面坐着,协助宝宝的小手和成人的手相互拍。

2. 一边拍一边唱:"你拍一,我拍一,一个小孩儿穿花衣;你拍二,我拍二,两个小孩儿梳小辫儿;你拍三,我拍三,三个小孩儿上高山;你拍四,我拍四,四个小孩写大字;你拍五,我拍五,五个小孩儿学跳舞;你拍六,我拍六,六个小孩儿吃石榴;你拍七,我拍七,七个小孩儿开飞机;你拍八,我拍八,八个小孩儿吹喇叭;你拍九,我拍九,九个小孩好朋友;你拍十,我拍十,十个小孩站得直。"

3. 唱完和宝宝一起拍手鼓掌。

💗**分析**:在唱儿歌拍手过程中,体验快乐的情绪,并能促进积极亲子关系的建立。

帮助宝宝睡个整夜觉:宝宝出生6个月了,大多数足月健康的宝宝有能力睡个整夜觉了。如果你要帮助你的宝宝学会睡个整夜觉,最重要的是要有足够的耐心,在处理宝宝入睡和夜醒的时候保持良好的一致性,让宝宝学会夜醒的时候自我安慰,以最短时间最容易的方式再次入眠。

（四）9～12个月社会情绪心理发展和促进策略

婴幼儿发育里程碑	警示信号
✿ 已经能够很好地发声音，用表情和手势表达不同的情绪。 ✿ 能够用手势表达需要，对新鲜的刺激和新玩具有好奇心。 ✿ 模仿声音或者动作。 ✿ 与父母和照养者建立稳固的特殊关系，非常依赖熟悉的成人。 ✿ 自信心的初步萌芽。	💡 缺乏好奇心。 💡 缺乏模仿。

1. 获得社会参照：这个月龄的宝宝理解能力飞速发展，宝宝开始理解你的话，甚至可以遵从一些简单的一步指令，如"把球拿过来"。宝宝能够用声音或者肢体语言来告诉照养者需要什么，如想要什么东西用手指着要，想要听故事或者玩玩具时把书或者玩具递给照养者。宝宝识别和理解某种特定表情的能力已经比较明显，获得社会参照。这时候，宝宝开始关注父母对不确定情景的情绪反应，并依此调整自己的行为。10～12个月的婴儿可以根据成人或父母的表情线索决定其行动。12个月大的宝宝能从电视的片段中获得社会参照，对那些在电视里面让成人恐惧的物体出现消极和回避反应。

2. 模仿：妈妈声音中的情绪表达不亚于她们的面部表情。宝宝这时已经出现了一些基本的情绪，包括愤怒、悲伤、快乐、惊讶和恐惧，可以用一些表情或者简单的动作表达基本的情绪。9～12个月宝宝的记忆力越来越好了，他（她）喜欢看成人的一些动作，进行模仿，例如，看到成人在打电话，宝宝也会拿起电话把听筒放在耳边。

3. 尝试：随着运动能力的发展，他（她）们扩大了活动空间，在好奇心驱使下，积极地向周围世界探索。1岁以内的婴儿会主动地参与各种感觉体验，用"尝试"的方法探索事物，见到喜欢的东西就设法抓在手中把玩或是放在嘴里，表现出"尝一尝""摸一摸""敲一敲""摇一摇""拍一拍""试一试"。宝宝还试图发现各种东西的用途，虽然商店里有各种各样的昂贵的玩具，但实际上宝宝最感兴趣的就是普通而又常见的家庭用具，比如勺子、盛鸡蛋的盒子、木梳、洗碗的海绵等，对能够发现的一切东西做彻底的研究。宝宝会沉迷于反反复复的丢东西、滚东西、扔东西、把东西浸进水里面或者不停地摇晃东西，以发现他（她）到底是怎么回事。他（她）或许还会把所有的东西都放进嘴巴里去确认下，才明白什么东西可以吃，什么东西不可以吃。

4. 客体永存：连续的观察还可以让宝宝获得一个新的概念——客体永存，即便东西暂时不在视线里，这些东西也还是确实存在的。当你把一个玩具藏在毛巾下面，又偷偷拿走，10个月的宝宝会确认玩具还在，然后不遗余力地去寻找。

分离焦虑依然存在,甚至更加明显,宝宝的时间感还是很弱的,所以他(她)不知道你什么时候回来,或者不确定你还会不会回来。如果宝宝和照养者之间有正常强烈的安全依恋的话,分离焦虑可能会更快地经历完成。

5. 意识自我:在这个月龄阶段,宝宝自我意识发展的最清晰的一个信号就是他(她)如何看待镜中的自己。大约 8 个月的时候,宝宝只把镜子看成是一个令人着迷的玩具。或许他(她)会想,镜中映出的宝宝是别的孩子,或者其他的什么。但是现在,他(她)的反应变了,他(她)开始明白镜中的影像是他(她)自己。这时可以和他(她)玩照镜子游戏,以强化他(她)的身份认同感。

婴幼儿早期教养指导
命名各种情绪,帮助宝宝更好地理解情绪,帮助宝宝处理情绪。
对宝宝的需要积极应答,尽量参与持续宝宝发起的社交循环。
鼓励宝宝不断探索。
尽量多地和宝宝说话,给宝宝唱歌,念儿歌,给宝宝讲故事。
短暂的消失再出现的游戏,帮助宝宝处理分离,让宝宝知道你还会再回来,使宝宝建立安全感。

促进方法——相关游戏介绍

亲子游戏 1：照镜子

♥ 目标：观察镜子中的人,认识自己的五官,促进自我认知能力发展。

♥ 准备：大镜子。

♥ 玩法：

1. 妈妈抱着宝宝坐在一面大镜子前照镜子,位置要舒适并可以看见两人。

2. 母亲做一些夸张的表情,并指着镜子,吸引宝宝注意自己和妈妈在镜中的影子。

3. 妈妈指着自己的影子说"妈妈",并协助宝宝用手指向镜中的影子。

4. 协助宝宝拍拍镜中自己的影子说"宝宝"(或者宝宝的名字)。也可协助宝宝拍拍自己的头,指指自己的鼻子,同时说出"宝宝的头""宝宝的鼻子"等。

5. 把彩色的粘纸贴在宝宝的脸上,引导宝宝看镜子并伸手触摸镜子,之后协助宝宝照着镜子,用手把脸上的贴纸轻轻撕去。

💗**分析**：宝宝在有趣地指认活动中认识自己、学会指认自己的五官,增强自我认知能力。

亲子游戏 2：躲猫猫

💗**目标**：发展宝宝观察力和感知力。

💗**准备**：宽敞的房间。

💗**玩法**：

1. 妈妈和宝宝坐在地板上,爸爸躲藏在门后面或一件家具后面,留一只脚或者一只胳膊在宝宝的视线里作为线索。

2. 也可发出声音吸引宝宝的注意,宝宝会很高兴地过来找你。

💗**分析**：通过线索或声音寻找成人的游戏过程中,促进宝宝的观察能力和感知能力的发展。

亲子游戏 3：碰鼻子

💗**目标**：感受快乐情绪,增进亲子关系。

💗**准备**：舒适宽敞的地面,爸爸妈妈共同参与活动。

💗**玩法**：

1. 成人和宝宝面对面坐在一起,家长问宝宝:"鼻子、鼻子在哪里?"引导宝宝指出鼻子在哪里：如果对了,成人就和宝宝碰碰鼻子;如果错了,就一边摇手一边对宝宝说:"不对,不对。"

2. 也可以更换或者延伸到其他的身体部位进行游戏。

💗**分析**：在游戏中宝宝感受有趣愉快的情绪,利用良好亲子关系的建立。

亲子游戏 4：听儿歌,做动作

💗**目标**：体验快乐情绪,促进动作发展,增进亲子关系。

💗**准备**：舒适宽敞的地面、节奏明快的儿歌。

💗**玩法**：

1. 成人和宝宝面对面坐着,随着儿歌的节奏,成人做有趣的动作,并引导宝宝一起做动作。

2. 成人鼓励宝宝模仿成人的动作,并允许宝宝做自己喜欢的动作。

♥ **分析**：宝宝在听儿歌、做动作的过程,体验快乐情绪,促进良好亲子关系的建立。

亲子游戏 5：摸箱游戏

♥ **目标**：发展宝宝观察力和感知力。

♥ **准备**：宝宝经常玩的各种材质大小的玩具、箱子。

♥ **玩法**：

1. 成人和宝宝一起逐一抚摸玩具,成人说出玩具的名称,熟悉每一个玩具。

2. 将玩具放在箱子里,让宝宝伸手去摸一个玩具,宝宝拿出来以后,成人说出玩具的名称。

♥ **分析**：通过抚摸不同材质和大小的玩具,发展宝宝的观察力和感知能力。

亲子游戏 6："雪花"的快乐

♥ **目标**：体验快乐情绪,增进亲子关系。

♥ **准备**：彩纸、儿歌《雪花飘飘》。

♥ **玩法**：

1. 和宝宝坐在地板上,给宝宝一些彩纸,和宝宝一起将彩纸撕成一小片一小片,越小越好。

2. 让宝宝抓起一把碎纸片,用力往上撒。碎纸片落下来,家长配合儿歌:"小雪花在飘,小雪花在舞,挂满了天呀,挂满了树;小雪花在飘,小雪花在舞,铺满了地呀,铺满了路。"

3. 成人也可以和宝宝一起将碎纸片扔向对方,让五颜六色的碎纸片落在对方的衣服上,这时候宝宝会看看自己的衣服,看看妈妈的衣服,非常开心。

💜 **分析**：在和成人一起撒碎纸片的过程中，宝宝体验到下雪的快乐，增进了亲子关系。

让宝宝学会思考：这个月龄的宝宝充满了好奇心，并且开始学会思考，会设定一些行动的目标，比如不想换尿片的宝宝，看着你拿着干净的尿片走过来，他（她）会爬得远远的。所以，请不要对宝宝生气，你应该感到高兴，你的宝宝已经开始有记忆，并开始思考。《科学》杂志的最新报道指出这个月龄的宝宝可以像科学家一样思考呢。

（五）12~18个月社会情绪心理发展和促进策略

宝宝出生的第二年会有巨大的进步。在与父母的互动和相互关系中开始成为更加主动的一方。这种互动开始变得复杂，虽然这种互动可能依然是处在前语言阶段，但是宝宝可能可以设计一到两步甚至一系列的解决问题的互动。例如，一个宝宝他（她）可能会拉着爸爸的手，眼睛看着厨房，或把爸爸拉进厨房，指着冰箱，要冰箱里面的果汁。如果成人能够注意到宝宝这些社交信号，并对宝宝的要求做出正确的回应，宝宝就会更好地发展这种

婴幼儿发育里程碑	警示信号
❀ 能够准确地表达各种基本情绪，如快乐、惊奇、愤怒、厌恶等。并且，发展出复杂的情绪交流，如：受到表扬或成功时表现出骄傲、自豪；做错事情或者伤害别人时表现出内疚不安。 ❀ 喜欢积极地独立探索，但是会希望父母或者照养者待在身边。 ❀ 模仿一切看到并感兴趣的行为，可以帮忙做一些简单的家务活。 ❀ 个体的气质表现得越来越明显，特别是在新环境或者人多的场合。	💡 叫名字没有反应。 💡 缺乏模仿。

能力,并且也能较好地识别社会交往中的信息和信号,最终与他(她)人建立良好的社会关系和互动模式。

宝宝识别自己的情绪和行为也纳入这种模式,开始建立最初的自我意识。通过这种有目的的互动,双相的沟通过程中,宝宝识别"我"和其他人的"非我"的区别。当宝宝储存的情感信号和信息越来越丰富,他(她)开始识别自己和他人的行为,通过观察来矫正或者修剪自己的行为。例如,宝宝可能会发现对妈妈来说友好而乖巧地提出要求,比哭吵烦躁来得更有效;祖父母会允许自己做父母不让做的事情;什么样的行为会得到赞赏,什么样的行为会惹父母生气。

在这个阶段宝宝模仿的能力进一步提高,不再是单一的分解动作,而是包含一系列动作大的模式。宝宝可能会戴上妈妈的帽子,拿起妈妈的包背在身上,穿上妈妈的鞋子在房间里走来走去,模仿妈妈的样子。宝宝会帮忙做一些简单的家务,擦擦桌子,摆摆碗筷等,虽然他(她)现在还不能够做得很好。宝宝通过社会性的互动来更好地了解周围的世界,如他(她)会发现扭动那个银白色的旋钮水就会从水龙头里面流出来;或者把手伸到水龙头下面水就会流出来,妈妈会过来把水龙头关掉。用这种方式宝宝能够更好地了解到周围的事物是如何运作的,使宝宝能够对自己的行为或者他人的行为有一定的预期,提升掌控感和建立自信心。在互动的游戏中,宝宝能够快速学会计划和了解后果。这么大的宝宝喜欢自己一个人玩,但是很希望成人陪在身边,有时候还依赖于成人的指导。给宝宝一辆新的玩具车,他(她)把车上装上东西,再卸掉,把小车推向房间的一边,然后倒回来推向房间的另外一边……在宝宝习得语言之前,宝宝学会了认知周围世界的基本技能,宝宝就像是一个小小的科学家一样,建立假设,通过自己的探索,了解事物运转的方式,想到办法解决问题。在与照养者不断的互动中,宝宝积累了经验,获得了一系列连续的非语言的线索和反馈,如他(她)是乖还是不乖,什么行为可以接受什么行为不被允许,什么时候可以大胆去探索,什么时候最好待在父母身边等。

婴幼儿早期教养指导

在给宝宝讲故事的时候,与现实生活相结合,使宝宝更好地理解各种情绪感情,例如,爸爸要出差了,兰兰和爸爸说再见,她心里很难过,就像宝宝有的时候也是一样。

给宝宝一个安全的玩耍环境,鼓励宝宝积极探索,陪伴在宝宝身边,可以给宝宝一些指令,例如:把球扔给妈妈。

提供一些宝宝现实生活中能够看到的物品的代替玩具,一套带有塑料食物和厨具餐具的小小厨房,迷你的超市购物推车,电话玩具等。

鼓励宝宝完成一些自理任务,如自己洗手。

促进方法——相关游戏介绍

亲子游戏1：交朋友，一起玩

💗 **目标**：促进交往能力，体验分享快乐。

💗 **准备**：邻居家的小朋友。

💗 **玩法**：

1. 邀请邻居家的小朋友来家里玩，和小朋友见面的时候，鼓励两个宝宝互相握握手。

2. 拿出玩具让宝宝们玩耍，引导宝宝们交换玩具，并让他（她）们点点头，以表示谢意。让宝宝们在地毯上互相追逐，嬉闹。

3. 和小朋友分手时，让他（她）们挥挥手，表示再见。

💗 **分析**：家长重在创造机会，应尽可能让宝宝之间自主交往，必要时给予引导帮助。

亲子游戏2：对与错

💗 **目标**：学习基本的行为规则，培养宝宝的约束能力。

💗 **准备**：宝宝做错事情的生活情境。

💗 **玩法**：

1. 当宝宝做错了某件事情时，成人要及时指出来，并严肃地说"不行"。

2. 如果宝宝继续做，成人要把笑容收起来，表情严肃地制止宝宝。成人态度要明确，让宝宝意识到你是认真的而不是逗他（她）玩。

3. 如果宝宝做对了，成人要微笑或者亲亲宝宝，对宝宝的行为表示赞赏，让他（她）理解什么是对，什么是错。

💗 **分析**：通过分辨成人的表情，知道表示赞赏还是批评，建立合理的规则意识，但注意在对与错的事情上家庭各个成员要保持一致。

亲子游戏3：身体语言

💗 **目标**：学习肢体语言，发展非言语沟通能力。

💗 **准备**：常见的肢体语言。

♥ 玩法：

1. 成人教给宝宝一些礼貌性的肢体语言，如微笑着伸手表示"欢迎"，拱手表示"谢谢"，挥手表示"再见"等。

2. 成人再慢慢过渡到其他的常见肢体语言，如拍手表示"好"，拍拍肚子表示"吃饱了"，点点头伸伸手表示"要"，摇摇头表示"不要"，用手在鼻子前面扇一扇表示"臭臭"等。

♥ 分析：宝宝学习通过肢体语言与人沟通和交流，促进非言语沟通能力的发展。

亲子游戏 4：坐圈圈玩球球

♥ 目标：遵从简单指令，体检基本的行为规则。

♥ 准备：球。

♥ 玩法：

1. 两个成人与宝宝围圈坐，玩推球的游戏。

2. 成人先叫宝宝的名字，当宝宝回应（望向成人或者伸出双手准备接球）时，立刻把球推给宝宝。

3. 当宝宝接住球时，成人立刻表示赞赏"宝宝，做得好"。

♥ 分析：通过游戏让宝宝学习如何遵从简单指令，接球的过程也同时培养了宝宝的注意力。

亲子游戏 5：手偶游戏

♥ 目标：促进想象力发展，培养乐于与人交往的意识和能力。

♥ 准备：两个手偶。

♥ 玩法：

1. 成人和宝宝分别戴上手偶，成人可以和宝宝对话："嗨，你好，我是小熊杰里米，很高兴认识你，我们来握握手，交个朋友好吗？我们一起玩耍吧。"

2. 用手偶和宝宝进行一些日常对话或者给宝宝讲一些小故事。

♥ 分析：通过游戏学习与人交流，在宝宝掌握基本表达方式后，在日常生活中可以鼓励引导宝宝和其他幼儿主动说话、交往。

了解宝宝的气质：每个宝宝都是一个独特的个体，生而不同——这就是宝宝自己的气质。有的宝宝活泼好动，有的宝宝安静少动；有的宝宝易于接受新鲜事物，有的宝宝谨慎慢热……气质没有对错，无所谓好坏，关键在于你要去了解宝宝的气质，根据宝宝的气质特点

进行教养。同时,你也要知道宝宝的气质特点可能与你不同,要接受宝宝,尊重宝宝,不要把你的气质强加于宝宝,扬长避短,激发宝宝的"小宇宙"。

(六)18~24个月社会情绪心理发展和促进策略

婴幼儿发育里程碑	警示信号
❀ 越来越独立,能够自己玩很长时间,有自我意识,开始用"我"来指代自己,会抗议或者说"不"。 ❀ 开始应用想象力,会玩一些假想游戏。 ❀ 自我控制的萌芽,能够理解自我控制,但是很多时候还是做不到,不能控制自己的行为和情绪。 ❀ 喜欢在小朋友旁边玩,和小朋友玩的时间增多。	💡 不能听从简单指令。 💡 对周围小朋友不感兴趣。

　　这个月龄的宝宝会不断给成人带来惊喜,可以说这个月龄段是一段激动人心的日子。成人开始越来越认识到宝宝的气质特点,特别是宝宝已经学会做很多事情以后。宝宝总是试图什么事情都要自己来尝试,有时候还有点小害怕。在上一秒钟,宝宝可能黏着你,怕你离开;下一秒钟,宝宝可能就自顾自地玩耍,当你完全不存在一样。这个月龄的宝宝越来越"独立"了,他(她)们可以开心地自己玩一会儿,宝宝可能会特别钟情于某一样玩具,某一本书或者一条毯子,有这些特别物品的陪伴宝宝能够更好地转换到"自我"独立的阶段。宝宝这个时候进入语言的"爆炸"期,但是他(她)最喜欢说的可能还是:"不!"这个阶段的宝宝开始清楚地用语言来表达他(她)的感情、想法和兴趣爱好了。

　　虽然宝宝这个时候已经能够听懂成人的大部分指令,但是他(她)自我控制的能力还是不完善的。当宝宝听到成人在说"不"的时候,虽然他(她)能够停下来,但是会不自主地再犯。宝宝也许会想："我真的很想玩那个灯泡，但是这样做是不对的，所以我最好不要玩。"所以，在这个月龄阶段提供给宝宝一个安全的游戏环境是非常重要的，如果能为宝宝准备一些可以替代的玩具，适时地分散他（她）的注意力就更好了，毕竟学会自我控制需要相当长的一段时间，在这段时间成人的耐心陪伴和支持是非常重要。

有时候宝宝可能会突然间大发脾气。因为这个月龄的宝宝还不能够控制自己的情绪，他（她）们无法处理和面对失败挫折，难以应对不愉快的情绪冲动。但是，宝宝也已经开始有意识控制那些引起他（她）们不愉快的人和物，开始通过与同伴说话、玩玩具或是远离那些让他（她）们感到不愉快的事物等方式去应对必须等待才能吃到东西或者得到礼物这样的挫折。

18～24个月的宝宝自我再认识的能力更加完善，不仅能够认出镜子中的自己，发现镜子里自己的异样，甚至还能认出自己的近照，或者短片中的自己。安全依赖型的宝宝对自己名字、性别和自我直觉的再认识较好。18个月以后，宝宝才可能理解某些负性情绪的特定意义和含义。在这个月龄段，宝宝的情感性词汇发展很快，包括描述负性情绪的词汇（如害怕、疯狂）。到2岁时，许多宝宝对他人的忧伤表情做出适当的移情／同情反应。

快到2岁的时候，宝宝开始出现复杂的情绪，如尴尬、害羞、内疚、嫉妒和骄傲。这些情绪有时候被称为自我意识的情绪，因为他（她）们都在一定程度上源于对自我感觉的降低或提升。最简单的自我意识情感——尴尬，在婴儿能够认识镜子里的自己之前是不可能出现的，而像害羞、内疚、骄傲等自我评价的情感则不仅需要能够自我再认识，还需要能够理解评判个人行为的准则和标准。情绪体验的家庭对话有助于宝宝更好地理解自己和他人的感受。

到2岁的时候，宝宝开始预期他人对自己的表现做出评价。当成功时，宝宝会寻求别人的赞赏，也知道失败后要被批评。例如，2岁的宝宝成功完成任务后一般会微笑着扬起他（她）们的头，展现一种"是我做的"姿态以获取实验者对他（她）们成就的注意。同样，当2岁的宝宝未能完成任务时，他（她）们会把脸背对成人希望逃避批评。

2岁的宝宝已经能够对自己的表现以成败来评价，已经知道成功伴随赞赏，而失败会导致批评。2岁的宝宝能够清楚地表达骄傲和同情。到宝宝快满2岁的时候，会比18个月以内的宝宝减少一些冲动，把相同的问题摆在他（她）们面前，他（她）们会先花一点时间思考各种可行的办法。然后，在思考之后采取的第一个行动就是能够解决问题的正确行动或接近正确的行动。这个阶段的宝宝开始对想象性游戏感兴趣，包括一些毛毛熊玩具，以及简单的"过家家"游戏。这个时候的宝宝虽然大多数时候还是独自玩耍，但是他（她）们可能会喜欢靠近小朋友，在小朋友的旁边进行活动。

婴幼儿早期教养指导

家长可以给宝宝一些选择,让宝宝有"尽在掌控"的感觉。例如,可以和宝宝说:"我们今天是穿红色的衣服还是粉色的衣服?""我们是吃米饭,还是吃饺子?"到陌生地方或者做事之间事先和宝宝交代清楚,让宝宝对即将发生的事情有所预期。

给宝宝提供一些能够发挥想象力的玩具和物品,并参与到宝宝的假想游戏中。水、沙子、面团、颜料等都是这个年龄很好的选择。尽量多花时间和宝宝一起玩,这样可以更好地了解宝宝的情感和想法,并帮助宝宝发展创造力。

帮助宝宝学会自我控制,当看到宝宝沮丧的时候试着安抚他(她),或者转移注意力带他(她)进行其他活动,防止宝宝失控或者大发脾气。

引导早期的友谊,鼓励宝宝学会分享,和小朋友轮流玩玩具。

促进方法——相关游戏

亲子游戏 1: 认出自己

💜 **目标:** 提高幼儿观察能力,促进自我再认识能力的发展。

💜 **准备:** 幼儿不同的装扮、幼儿单独或和家人的生活照、幼儿玩耍的短片。

💜 **玩法:**

1. 给宝宝进行不同的装扮,然后把宝宝带到镜子前面,让宝宝做出各种姿势和表情,让宝宝能够准确地认出自己。

2. 拿出宝宝平时和家人或者单独的生活照,把照片混在一起,跟宝宝一起看这些照片,要宝宝找一找,引导宝宝找到自己,或者熟悉的人。

3. 录一些宝宝近期玩耍的短片和宝宝一起看,引导宝宝认出短片中的自己。

♥ **分析**:提高幼儿的观察能力,让幼儿有更多的机会来充分认识自己,并把自己和别人区分开,培养幼儿的独立性。

亲子游戏2:哈气暖手

♥ **目标**:培养亲子间互相关爱,增加亲子间的情感。

♥ **准备**:天气寒冷的室外场所。

♥ **玩法**:

1. 在冬天天气较寒冷的时候,成人先把双手合在一起,围成一个圈,对宝宝说"天冷了,小小手,快进来",引导宝宝把小手伸进成人双手围成的圈中。

2. 妈妈对着宝宝的小手用嘴哈哈热气,一边做一边说:"你也暖,我也暖,大家一起都暖和"。

3. 互换角色,让宝宝也为妈妈哈气暖手。一轮结束后,妈妈要教宝宝说:"谢谢你!"

♥ **分析**:通过互相暖手,体验亲子间互相关爱的积极情绪。

亲子游戏3:别踩我

♥ **目标**:培养幼儿的同情心。

♥ **准备**:公园草坪或者其他有草坪的户外场所,硬纸板,笔。

♥ **玩法**:

1. 周末成人可以带着宝宝到户外去观察小草,告诉宝宝:"这些小草都是有生命的,但是它们很弱小。如果我们把它们拔起来,它们可能会很快死掉,被别人不小心踩到,也可能会受伤。"然后,告诉宝宝:"我们不能践踏草坪,要爱护它们。"

2. 如果看到有些草折断了或者枯萎了,成人可以告诉宝宝:"小草受伤了,它们会很疼很难过,也会很可怜,我们应该做些什么来帮助它们呢?"这个时候,家长和宝宝用一些硬纸板做一些告示牌,在上面写上"别踩我,我怕痛",让宝宝明白爱护花草,人人有责。

♥ **分析**:通过户外观察小草,发展对弱小生命的同情心和爱护之情,也可以和幼儿一起在家里种一些花草来观察。

亲子游戏4:宝宝要洗澡

♥ **目标**:培养生活自理能力。

♥ **准备**:宝宝洗澡前需要准备的物品,如毛巾、拖鞋、衣服等。

♥ **玩法：**

1. 成人在给宝宝洗澡前,可以让宝宝帮助一起来准备东西,如洗澡用的沐浴露、毛巾、梳子、衣服和拖鞋等。

2. 宝宝可能一次只能拿一样东西。这个时候妈妈要提醒宝宝还可以拿什么东西,并告诉宝宝一次只能拿一两样东西。例如,拿拖鞋和衣服的时候,妈妈可以问宝宝:"宝宝,拖鞋在哪里?""拖鞋是不是在房间里?""衣服在哪里?""衣服是不是在柜子里?""宝宝帮妈妈把衣服和拖鞋都拿过来好不好?"

3. 每次宝宝把东西拿过来后,成人要称赞宝宝。练习几次之后,妈妈一说要用的东西,宝宝就会知道每次要取的数量了。

♥ **分析：**通过帮妈妈准备洗澡前的物品,促进幼儿积极思考,锻炼生活自理能力。

亲子游戏 5：自己的和别人的

♥ **目标：**学会区分自己和别人的物品,促进自我意识的发展。

♥ **准备：**成人和宝宝的日常生活用品。

♥ **玩法：**

1. 在出门或者上街前,成人出示自己的衣物,说:"这件外套是我的",并把外套穿上。

2. 拿起宝宝的外套问:"这件外套是谁的?"指导宝宝用动作或者说话取回外套,如拍拍自己的胸口或者说"我"。如果宝宝没有能力表达,成人可以握住宝宝的手取回外套,并示范"这个是我的(宝宝名字)"。

3. 成人在日常生活中也可用其他的物品练习,询问宝宝:"这个是谁的?"让宝宝有更多的机会开口表达。

♥ **分析：**注意在练习的时候应给予幼儿足够的时间等待他(她)进行应答。也可将幼儿的名字或者照片贴在他(她)的个人物品上,如水壶、毛巾、饼干盒、小碗上,让幼儿以后容易识别自己的物品。

亲子游戏 6：我喜欢

♥ **目标：**鼓励幼儿用言语或者非言语的方式表达自己的想法。

♥ **准备：**不同的玩具,如发声玩具、发光玩具、积木等。

♥ **玩法：**

1. 成人操作玩具以示范不同的效果,然后引导宝宝试着玩不同的玩具。

2. 成人拿起自己喜爱的玩具说："我喜欢××（玩具名称）。"接着问宝宝想玩哪一个,引导宝宝指着或者说出自己喜欢的玩具,再把玩具交给宝宝。

分析：也可利用日常生活的机会,示范说出自己的想法,引导幼儿模仿并学习说出自己的想法。例如,在吃饭的时候说出自己想要的事物的名称。

亲子游戏7：一起玩

目标：学习交往技能,体验与人分享的快乐。

准备：邻居或者同事的宝宝。

玩法：

1. 邀请邻居或者同事的宝宝到家中做客,或者结伴一起外出游玩。在与宝宝一起玩的时候,伸出手与其他的小朋友握手表示友好,鼓励宝宝模仿成人的动作,与其他的宝宝握手或者打招呼。

2. 和宝宝一起玩玩具,并伸手轻轻拍拍宝宝,对宝宝说："我们一起玩",鼓励宝宝点头、微笑表示可以,接着一起分享同一个玩具。

3. 重复练习,让宝宝学习点头、微笑、伸手轻拍等简单的动作,用来表示交往中的同意。

分析：通过学习基本的交往技能,培养幼儿交往能力,并体验与人分享的快乐。

亲子游戏8：学会分享

目标：体验与人分享的快乐。

准备：切切乐玩具(玩具薄饼、玩具蛋糕或者玩具水果)。

玩法：

1. 与宝宝玩分饼或者蛋糕的游戏,示范把玩具薄饼、蛋糕或者水果切开,分给其他人,然后告诉宝宝每个人都要有食物,大家表现出开心愉快的样子。

2. 把玩具水果刀交给宝宝,提示宝宝把玩具薄饼、蛋糕或者水果切开,与其他人一起分享。

分析：在分享玩具食物的过程中,让幼儿体验与人分享的快乐。在日常生活中,如果宝宝主动把食物或者玩具与别人进行分享,成人要立即给予赞赏。

亲子游戏9：照顾娃娃

目标：培养幼儿的情感和责任心。

♥ **准备：**娃娃、杯子、勺子、碗等。

♥ **玩法：**

1. 与宝宝一起模仿日常生活经验的游戏，例如，模仿妈妈照顾宝宝。

2. 成人引导宝宝用仿真玩具进行活动，例如，假装喝水，喂娃娃进食，把娃娃放在床上，假装和娃娃一起睡觉等。

3. 当宝宝主动模仿日常生活进行游戏的时候，成人应立即给予回应并进行赞赏。

♥ **分析：**幼儿在游戏过程中体验了被肯定和照顾别人的愉快情绪，培养了幼儿的责任心和积极情感。

亲子游戏 10：做表情

♥ **目标：**学习识别基本的表情和情绪线索，合理表达自己的情绪。

♥ **准备：**镜子。

♥ **玩法：**

1. 和宝宝一起对着镜子做各种表情，并配合不同的语调命名不同的情绪。例如，用轻快的语调说："去公园，好开心"；用沮丧低沉的语调说："下雨了，不能去公园了，好难过"。

2. 在此过程中，成人需模仿宝宝的表情和声音，引导宝宝重复学习相关的表情和动作。

♥ **分析：**在观察和模仿的过程中，体验并尝试表达不同情绪。

解决问题：解决问题的能力在今后的学业和生活中都起着至关重要的作用。这个月龄的宝宝会用自己的思维制订计划并完成目标，宝宝还会根据他（她）们以往的经验来处理新的情境。例如，宝宝会把吸管杯倒过来，观察水是怎样流出来的。宝宝把所有的东西扔进垃圾桶,因为他(她)记得当他(她)把擦过桌子的纸巾扔进垃圾桶时你很高兴。宝宝也会模仿大人去处理问题。父母是宝宝的第一任老师,所以不仅仅要教会宝宝如何正确地解决问题,同时也要以身作则。养育宝宝的过程也是丰富生命的旅程。

(七)24～30个月社会情绪心理发展和促进策略

婴幼儿发育里程碑	警示信号
❀ 能够用语言表达自己情绪,当遇到失败挫折时比较容易感到沮丧。最喜欢说的话是"不""我的",自我控制的能力还不完善,还需要成人帮助处理强烈的情绪。 ❀ 能够很好地玩想象性游戏,出现象征性游戏,用一种东西代替另一种不同东西;能够很好地应用想象力进行玩耍,但是有时还不能很好地区分想象和现实。 ❀ 开始试图交朋友,但是需要成人帮助进行分享。 ❀ 独立做事的意识越来越强。	💡 缺乏基本情绪表达。 💡 缺乏想象性游戏。

在两年的时间里,通过长期坚持不懈的努力和大量的交流,宝宝已经与主要的照养者建立起一种详细的社会契约。他(她)对客观世界有了真正的熟悉和参与,对自己的身体已经具备了很好的控制能力。2岁大的宝宝可以成为一个非常快乐,充满幽默感、创造力和自信的孩子,成为父母快乐的源泉。

24～30个月的宝宝可能展示出不可思议的新能力,他(她)不必再去用动作或者肢体语言来表达所想所要,也不必再完全依赖于照养者,他(她)可以把自己的所思所想整合起来用语言表达出来。例如,以前宝宝可能会拉着你的袖子到桌子边,用手指着桌子上的饼干,急得跳脚,现在宝宝能够清楚地说出"要饼干"或者"我要饼干"。宝宝从几个月前应用一系列复杂的互动社交的肢体语言来表达要求的发展阶段,过渡到用短语或者短句来表达要求。当他(她)表达"饼干"这一词汇的时候,在他(她)的脑海中会浮现出有关饼干的美好画面——香甜的味道、松脆的口感、满足的微笑和好吃的体验。

这个阶段的宝宝充满了想象力,但是有时候他(她)还不能很好区分想象和现实,他(她)有时可能会突然很依赖照养者,忽然很黏人,有时候会被噩梦困扰,这时候他(她)更需要成人的拥抱来进行安抚。两岁半的时候,宝宝的想象性游戏越发清楚和明显,出现象征性游戏,如用一种东西代替另一种完全不同的或者全新的东西。例如,宝宝会抱起他(她)的毛毛熊,把它放进鞋盒子里,假装让它睡觉,因为宝宝在脑海中对床的描绘图像就是一个长方形的中空的盒子,因此宝宝完全有可能用一个有同样特征的鞋盒子来代替床。除此之外,宝宝的想象力还可能用搭积木表现出来,比如宝宝可能会把几块积木放在一个盒子上面,搭建成想象中的城堡,然后假装有巨人或者怪兽来破坏城堡。

这个月龄的宝宝开始学习把自己的生理反应和行为与情绪相联系,但是自我控制情绪的能力还比较差,激烈的情绪可能会通过咬人、尖叫、撞头表现出来。这个月龄阶段,在宝宝不能很好地处理和控制自己情绪的时候,大发脾气是一种比较常见的情况。例如,宝宝要什么东西被拒绝了以后,他(她)可能就会大发脾气。成人要帮助宝宝处理这种受挫感,成人可以帮助宝宝理解当时的情绪,例如,妈妈知道你现在很生气,生气也是可以的,没有关系,但是我们应该慢慢平静下来,看看接下来我们能够做些什么。这种时候也可以提供给宝宝一些其他的选择,或者用幽默的方式来引导宝宝。例如,苹果先生想让宝宝吃掉他,可是香蕉先生把他推到一边,香蕉先生说:"我先来,宝宝先吃我吧。"幽默的方式可以让宝宝更快地恢复平静。

婴幼儿早期教养指导
更好地帮宝宝理解基本以及复杂的情绪交流,并融入日常生活的社会交流中。例如,妈妈知道这个婴儿推车是你最喜欢的玩具,但是球球也想玩,就说:"我们给球球也玩一下好吗?"
与宝宝玩一些想象性的游戏,帮宝宝应对一些生活的变化和有挑战性的事件,玩假扮角色的游戏,如假设家里来了新的保姆,或者宝宝进了幼儿园。
为宝宝安排一些有规律的时间、机会和小朋友一起玩,帮助宝宝处理分享及与小朋友间的冲突。教会宝宝分享可能是件有困难的事情,可以先给宝宝一些其他玩具,帮宝宝度过没有轮到他(她)玩的时间。

促进方法——相关游戏

亲子游戏 1:表情小绘本

💙 **目标**:认知体验不同表情,合理表达自己的情绪。

💙 **准备**:各种表情的人物图片、活页笔记本。

💙 **玩法**:

1. 成人可以将各种表情的人物图片贴在一本活页笔记本,做成一本表情书。

2. 和宝宝一起看这本表情书,每看到一个表情,就和宝宝讨论这是什么表情。例如,看到笑脸图片时,成人先问宝宝这是什么表情。如果宝宝不知道,成人可以模仿图片大笑。

3. 宝宝理解了图片后,鼓励宝宝也试着这样做。看到哭泣的图片时,成人假装哭泣,让宝宝也跟着模仿,以此类推。慢慢地,宝宝就能看懂这本表情书。

💛 **分析**:让幼儿通过丰富夸张的表情图片,感受人物的各种情绪变化,增强幼儿的人际交往能力。

亲子游戏2:宝宝有礼貌

💛 **目标**:学习基本的交往技能。

💛 **准备**:日常生活场景。

💛 **玩法**:

1. 成人做出打招呼、再见等动作,让宝宝跟着模仿。例如,挥动一只胳膊,代表打招呼;抬起手,左右摇晃,表示再见。让宝宝在镜子面前做这些动作,并了解这些动作的含义。

2. 宝宝熟悉这些动作后,成人要让宝宝懂得这些动作用在哪些场合。例如,去别人家里做客,当离开的时候,成人要挥动手和别人说"再见",也要引导宝宝做再见的动作。成人可以故意做错动作,让宝宝来纠正。这样可以加深宝宝的印象,让宝宝有成就感。

💛 **分析**:在适宜的生活场景中,要积极地引导幼儿学习交往礼仪。

亲子游戏3:玩面团

💛 **目标**:激发幼儿动手探索的兴趣,促进想象力的发展。

💛 **准备**:面粉。

💛 **玩法**:

1. 成人和宝宝一起将面粉和好,再将面粉揉成面团,反复揉大概10分钟,增加面团的柔韧性,也可以适当加一点点盐,这样面团的柔韧性会更好一些。

2. 引导宝宝在面团上盖个手印,可以让宝宝将面团上的手印和自己的手比较一下,反复这样玩。

3. 引导宝宝发挥想象力,将面团捏成各种形状,如捏个鸡蛋、捏个小兔子、捏个星星、捏个老虎等。捏成形以后,还可以引导宝宝在上面放一些小豆子、葡萄干、红枣等作为装饰。

💜 **分析**:在游戏过程中,家长要耐心地配合帮助幼儿,支持幼儿的自主探索活动。

亲子游戏4:勤劳的小宝宝

💜 **目标**:锻炼自我服务能力,培养生活自理能力。

💜 **准备**:日常生活情景,日常生活物品照片。

💜 **玩法**:

1. 利用日常生活的机会教导宝宝将物品放回原位,例如,吃完饼干后,把饼干桶放回原来的位置。

2. 把宝宝日常生活中使用的物品拍成照片,如鞋子、衣服、玩具等。并把照片贴在其存放的位置上。例如,鞋子的照片贴在鞋柜上。引导宝宝每次使用完物品后,把它们放回原处。当宝宝熟悉后,可以取下照片。

3. 宝宝外出回来,或者玩玩具后,吃饭之前,提示宝宝手脏了,要洗手,带着宝宝到前往洗手处,给宝宝示范并讲解洗手的程序,并协助引导宝宝完成。当宝宝拒绝成人给他(她)擦脸和手时,成人可以递给他(她)一块小毛巾,并故意在宝宝的面前做擦脸和手的动作,并说:"擦擦嘴巴,擦擦脸,擦擦手,真呀真干净。"宝宝可能会看到家长这样做,也跟着这样做。

4. 利用手偶游戏及示范动作,向宝宝示范饭前便后要洗手、睡觉前应刷牙和洗脸。在日常生活中,成人可协助宝宝完成日常的个人清洁任务。

5. 成人还可以给宝宝一块抹布,教宝宝擦桌子、擦地。

💜 **分析**:让幼儿学会自己照料自己,做一些力所能及的家务,增强幼儿的自信心。

亲子游戏5:宝宝"长大了"

💜 **目标**:发展想象力,培养自主性。

💜 **准备**:图画纸、积木、椅子。

💜 **玩法**:

1. 与宝宝一起在大的图画纸上画出熟悉的地方,如宝宝的家、公园、商店、马路等。

2. 出示积木,引导宝宝握着不同大小的积木,从自己家出发,并说:"我们到爷爷家""我们去公园"等,让宝宝假扮外出的经历。

3. 和宝宝一起玩假扮游戏。把帽子、围巾、手套戴好,并背上小背包,把椅子当成公共汽车,一起乘公共汽车上街。然后成人离开,让宝宝独自玩这种游戏。

💙 **分析:**通过象征性游戏,促进幼儿想象力的发展,同时让幼儿体验独自假扮外出的经历,帮助幼儿建立自主性。

亲子游戏6: 好朋友一起玩

💙 **目标:**促进交往能力,体验分享快乐。

💙 **准备:**邻居或者同事的宝宝、各种不同的玩具。

💙 **玩法:**

1. 邀请邻居或者同事的宝宝到家里来做客,让小朋友互相打招呼问好,展示不同的有趣玩具,示范各种玩具的方法,再分给每个宝宝一份玩具。

2. 在宝宝玩的过程中,成人示范与其中的一个宝宝交谈,如:"你的玩具很好玩,可以让我玩一会儿吗? 我们交换好吗?"鼓励其他宝宝进行模仿。并注意协调宝宝们之间的关系,避免冲突。

3. 带宝宝到公园里吹肥皂泡泡,让宝宝追逐拍打泡泡,吸引其他的宝宝也来追逐泡泡。在此过程中,引导宝宝注意别的小朋友的玩法,模仿别人。引导宝宝和其他的宝宝进行交流和互动。

💙 **分析:**家长重在创造机会,尽可能让幼儿之间自主交往,必要时给予引导帮助。

宝宝的第一个违拗期:2岁以后的宝宝开始表现得不那么顺从了,经常说"不",反抗家长,这与宝宝的独立性自主发展有关。同时,当宝宝要学习掌握一项技能,遇到失败或挫折

时也会引发脾气。在宝宝发脾气的时候,家长要采取分散注意、冷处理、隔离等方法进行缓解。家长要善于引导宝宝,鼓励宝宝的独立性并注重其能力发展,减少限制,顺利度过这个时期,逐渐发展成为个性积极的宝宝。

(八)30~36个月社会情绪心理发展和促进策略

婴幼儿发育里程碑	警示信号
❀ 想象性游戏的能力更加完善,可以假想一些主题,围绕主题进行角色扮演和情景设计——更加精致的假想游戏。 ❀ 更加注重友谊,在和小朋友的玩耍过程中能表示友好,有特别偏爱和喜欢的小朋友。 ❀ 成为一个"充满逻辑的思考者",能够运用较复杂的思考解决问题。	💡 不能和小朋友玩耍。 💡 不能识别照养者的基本情绪。

由于大运动能力的不断提高,自主行、走、跑、跳,生活范围不断扩大,对接触的人和事物的体验越来越丰富。随着自我意识的形成,除了喜、怒、哀、乐等基本情绪的发展,像羞怯、窘迫、惧怕、同情、嫉妒和自豪等更高级的情绪也逐渐发展起来,而且出现了比较复杂的情绪体验。例如,宝宝不小心用东西打到了妈妈,妈妈假装疼痛而表情痛苦,或者不小心推倒其他小朋友而使小朋友哇哇大哭,宝宝会感到内疚,希望能纠正自己的错误。看到别人受伤时产生同情;当看到别的宝宝受到表扬时,可能会产生嫉妒。

这个时候照养者要特别注意,宝宝的情绪会受到亲近的人的影响,尤其是父母情绪的影响比较大。父母情绪不好,甚至打骂,宝宝体验的多是消极的情绪反应。随着自我意识的发展,宝宝能意识到自己与他人的不同,能够区分自己与他人的情绪体验,当别的小朋友在哭的时候,他(她)不仅能意识到这是其他人的情绪,还能够对其进行安慰。这个阶段的宝宝还能对他(她)人的感受进行推断,做出更多的反应,宝宝能够观察人物的表情和通过语言产生同情,如看动画片、听妈妈讲故事的时候对主人公产生爱憎等。

一般来讲,2岁以前的宝宝不太会跟别的小朋友一起玩,即便是几个小朋友在一起玩,他(她)们也是各玩各的,彼此各不相干。到了3岁左右,宝宝开始学习和别人在一起玩,参与集体游戏,开始"合作性"活动。这个阶段照养者切忌"过度保护",例如,带宝宝出去,由于害怕宝宝受人欺负,而不让宝宝和同龄的小朋友一起玩。"友谊"是一个很美妙也很有趣的东西,在和别的小朋友的互动过程中,宝宝能够学会次序、分享和帮助等非常有用的技能。

在交朋友的过程中,宝宝学会如何与他人沟通,如何处理分歧,学会理解他人的感受和想法。待人友好、充满自信并能与他人良好合作的宝宝在今后入园或者入学后比较容易取得成功。但是,这个月龄的宝宝也比较容易在分享、轮流或者遵守规则的过程中产生冲突,这是因为宝宝还没有完全掌握自我控制,照养者要引导他(她)们如何处理冲突,例如,首先尽量用平静的语调把所发生的情况说清楚;尽量让宝宝明白发生了什么;指出宝宝的不良行为的后果;帮助宝宝建立一些处理问题的原则,不断地重复这些步骤,直到宝宝能够独立处理这些情况。

对这个月龄阶段的宝宝而言,假想游戏已经相当熟悉和普及了,而且这的的确确是一件非常好的事情。为什么呢? 当宝宝运用想象设计和展开游戏的过程中,不断锻炼和提高自己思维、语言和社交能力。通过扮演不同的角色,宝宝学会用他人的视角和观点去看待问题;通过完成游戏,宝宝学会如何去处理解决问题,例如,怎样放置积木才能使搭建的城堡不至于中途坍塌倒下。如果有可能尽量多花些时间陪孩子一起玩这样的游戏能够帮助孩子从中学到更多的东西。

婴幼儿早期教养指导
参与到宝宝的假想游戏中,积极地和宝宝互动,遵从宝宝安排的角色,帮助宝宝拓展想象力。
继续帮助宝宝增进与小朋友的友谊,处理宝宝和小朋友的冲突,教会宝宝学会等待。例如,现在只有一个火车,每个小朋友玩 5 分钟,现在先给丽丽玩,5 分钟以后宝宝再玩,在等待的这 5 分钟时间里你可以先玩小汽车或者小熊。
在上床睡觉之前和宝宝讨论这一天的所见所闻,帮助宝宝加强记忆和促进语言表达能力。

促进方法——相关游戏

亲子游戏 1:猜表情

💜 **目标**:认知体验不同的表情。

💜 **准备**:表情图片(如开心、悲伤、愤怒、沮丧)。

💜 **玩法**:

1. 成人和宝宝各取一张表情图片,但不能让对方看见,通过做出图片上的相应表情让对方猜。

2. 先由成人猜宝宝图片上的表情,再由宝宝猜成人图片上的表情,以此类推,直到猜完所有的表情图片。

💜 **分析**:幼儿通过识别不同的表情图片,感受人物的各种情绪变化。

亲子游戏 2：妈妈哭了

💜 **目标**：学会关心、安慰和帮助他人,培养同情心。

💜 **准备**：安静的环境。

💜 **玩法**：

1. 妈妈假装生病了,妈妈装作很难过的样子,表现出要流眼泪或者哭泣,这个时候引导宝宝做一些力所能及的事情,帮妈妈倒水,给妈妈拿药等。引导宝宝如何安慰别人。

2. 如果宝宝一开始不知道怎么办,妈妈可以向宝宝提出要求,如让宝宝抱一抱自己,告诉宝宝:"抱一抱妈妈,妈妈心里会舒服一些,也不会那么难过了"等。

💜 **分析**：这个游戏也可以在日常生活中进行,让幼儿学会正确地认知他人的情绪,并表达自己的关心、安慰和帮助。

亲子游戏 3：抢椅子

💜 **目标**：学习按游戏规则进行活动,愉快地参与游戏。

💜 **准备**：椅子数把,节奏明快的音乐。

💜 **玩法**：

1. 把椅子背对背围成一圈,数量比参与游戏的人数少1~2把。

2. 与宝宝玩听音乐抢椅子的游戏。音乐响起时,成人与宝宝一起绕着椅子走。当音乐停止的时候,宝宝要尽快坐到椅子上,坐不到椅子的人就要被淘汰出局。

3. 重复游戏,每次把椅子的数量减少,最后能坐在椅子上的人为胜利者。

4. 游戏结束后,成人应称赞宝宝能投入参与并按照游戏的规则进行。

💜 **分析**：在游戏中让幼儿体验规则的意义,培养规则意识。

亲子游戏4：过家家

💜 **目标：** 培养亲社会行为。

💜 **准备：** 成人的衣服、照相机。

💜 **玩法：**

1. 和宝宝一起用成人的衣服和简单的道具做一些假想游戏，请宝宝认清衣物后，想一想可以用这些东西模仿什么任务。成人可以从旁协助，让宝宝扮演不同的角色，例如，让宝宝穿上白大衣，拿着听诊器，假扮医生，给毛绒玩具看病；穿上雨靴扮演消防员，给城堡救火；穿上围裙扮演厨师给洋娃娃做饭。

2. 游戏过程中，成人要引导宝宝按照扮演的角色问问题。例如，扮演妈妈的时候，问洋娃娃想吃什么；扮演医生的时候，问小熊病人哪里不舒服，嘱咐病人多休息。

3. 成人在宝宝进行假扮游戏的过程中，可以帮宝宝拍照片，并在相片上加上注释，如"我是小小医生"，最后把照片贴在墙上，和宝宝一起欣赏回忆和谈论。

💜 **分析：** 通过玩假扮游戏，学习体验与人交往的亲社会行为。

宝宝交朋友：这个月龄的宝宝开始真正享受和小朋友在一起的欢乐时光。宝宝现在开始和小朋友建立友谊了。和小朋友在一起玩耍，可以教会宝宝一些社交的技巧，包括等待轮流、分享和帮助别人；与小朋友在一起，宝宝慢慢学会沟通，处理分歧，理解别人的想法和感觉。自信友善乐观的宝宝能够更容易地处理和其他小朋友的关系。宝宝已经开始有自己的"小社会"了，家长要尊重宝宝，多鼓励宝宝和小朋友一起玩耍，帮助宝宝处理同伴关系。

（九）3～4岁社会情绪心理发展和促进策略

婴幼儿发育里程碑	警示信号
❀ 开始自觉地调控情绪。 ❀ 同伴交往增多，开始主动交朋友。 ❀ 对社会性游戏的兴趣增加。 ❀ 能够给予别人简单的帮助，与同伴发生冲突时也会寻求大人的帮助。 ❀ 能够识别别人的需要和情绪与自己的不一样。	💡 不能进行合作游戏。 💡 不懂得按顺序等待。

1. **语言调节：** 3岁后的幼儿学会用语言来调节自己的行为。例如，当想要打人时，会说"不能打人"，并逐渐将这些语言内化成道德意识。3岁以后幼儿能自觉地调节控制自己的情绪、行为以达到某种目的或适应环境的需要，如克制冲动、服从要求。在不同的情境中表

达不同的感受、需要和意见的能力增强,而不是随意发脾气,如用语言表达"我非常想要那辆小汽车"。

2. 自我调控:3岁幼儿开始能够抗拒诱惑和延迟满足,但在等待满足的过程中,很少能主动采取分散注意的方法,需要在成人的帮助下唱歌、做游戏等分散注意的方法延长等候时间。特别是进入幼儿园后,在新的集体环境中学会遵从集体的各种规章制度,遵守各种游戏规则,与其他小朋友和睦相处,建立平等的同伴关系,调控自己的情绪和行为得到了很好的发展,逐渐能够忍耐、坚持。虽然3岁幼儿管理情绪的能力有了很大的进步,但是遇到事情的时候情绪仍然容易失控,需要成人的帮助和管理。3岁以后的幼儿逐渐会对规则感兴趣,并越来越懂得遵守规则。

3. 内疚:3岁后的幼儿对伤害到他人或明显引起他人不满的行为比较敏感,并体会出内疚。随着自我概念的发展,幼儿有了对尊重的感受,如果体验到过多的内疚和羞愧,就会感到自己是失败者;如果没有体验到内疚和愧疚,也不能发展起对他人的责任感,不会关心他人的权利和感受。

4. 合作:这个阶段的幼儿更喜欢与同伴一起玩,而不再是喜欢自己单独玩了,与同伴游戏时更具有合作性。3～4岁幼儿同伴交往增多,开始更多的合作游戏,在同伴交往中出现了对小朋友的关心、帮助行为。在需要的时候能够给予别人简单的帮助,如拥抱、轻拍、安慰、鼓励,并伴随鼓励的话:"小强勇敢,不要哭"。与小朋友做游戏的时候懂得轮换。

5. 交友:对其他小朋友显示出兴趣,并模仿别人的行为。比如,看到其他的小朋友开心地跳,也跟着跳。对社会性游戏的兴趣增加,喜欢与其他小朋友一起玩。在成人的引导下开始与同伴做出交朋友的行为,如说:"我们是好朋友",但是并不明白友谊的含意且持续时间比较短。当与同伴有冲突的时候找成人帮忙解决,如玩具被其他小朋友抢了以后会找大人帮忙,解决冲突的时候,能在大人的建议下做出让步。

婴幼儿早期教养指导
教给幼儿自我控制和处理情绪的原则和步骤。
帮助幼儿与小朋友建立友谊。
参与并帮助设计精巧的假想游戏。

亲子游戏1:小朋友,你好!

♥ **目标**:提高社会交往能力及语言表达能力。

♥ **准备**：布偶、节奏明快的音乐。

♥ **玩法**：

1. 利用布偶示范自我介绍，如说出性别、名字等，与幼儿做朋友，并配合男女小朋友的图片或者数字卡，向幼儿问简单的个人问题，引导幼儿回答自己的名字、性别和年龄。

2. 请幼儿围成圆圈站好，玩音乐传球游戏。当音乐开始的时候，请幼儿将球传给旁边的小朋友，当音乐停止的时候，手中持球的幼儿在成人的协助下，向其中一个小朋友提问有关个人的问题，如名字、性别、年龄等。完成后成人立即赞赏能发问和回答问题的幼儿，然后重复游戏。

♥ **分析**：学会自我介绍，帮助幼儿发展语言表达。

亲子游戏2：找朋友

♥ **目标**：练习简单社交礼仪，培养社会交往意识。

♥ **准备**：歌曲《找朋友》。

♥ **玩法**：

1. 全家人或者邀请别的小朋友一起，大家围成一个圈。

2. 幼儿拿着小玩具绕过每个人蹦蹦跳跳向前走，一边走一边拍手唱儿歌："找呀，找呀，找朋友，找到一个好朋友。敬个礼，握握手，你是我的好朋友。"唱完，幼儿握住其中一个人的手说："我和××是好朋友。"这个小朋友就要回答："好朋友，好朋友，我们一起来握握手。"边说边做动作。

3. 幼儿重复唱儿歌，再找其他人做朋友。

♥ **分析**：通过游戏方式，学习朋友见面"握手"的简单社交礼仪，培养幼儿的社会交往意识。

亲子游戏 3：情绪的表达

💜 **目标：** 帮助幼儿了解情绪,学会正确的情绪表达方式。

💜 **准备：** 图画纸、蜡笔、情绪小脸谱。

💜 **玩法：**

1. 让幼儿分享一件被别人赞赏或者责骂的事情,表达出当时的感受,并鼓励其他幼儿假想自己遇到相同的情况,然后做出及说出会有怎样的反应及感受。

2. 给幼儿图画纸和蜡笔,让幼儿画出有关他(她)当天心情的图画,内容可以是人物、时间、事件和个人感受。完成后,引导幼儿用语言说出这幅图画的意思。

3. 预备情绪小脸谱,包括笑、哭、开心、愤怒、沮丧等。请幼儿选择适当的脸谱贴在所画的图画纸上,以表达当天的情绪。

💜 **分析：** 在游戏过程中成人无需给予个人意见,只要协助幼儿表达情绪即可。

（十）4~6岁社会情绪心理发展和促进策略

发育里程碑
调整情绪认知策略的出现和细致化。
一些情绪的隐藏和对简单表达规则的服从。
了解情绪的引发因素和结果的能力提高,同时对他(她)人情绪的应答更为常见。
遵守集体规定,游戏时更合作,懂得游戏规则,愿意分享自己的东西。
懂得性别差异。

这时期幼儿的情绪体验已相当丰富,具有了各种主要的情绪和情感体验,一般成人体验到的情绪、情感大都已被体验,体验过愤怒、焦虑、羞怯、嫉妒、兴奋、愉快、挫折、悲伤和快乐等情绪,还发展出信任、同情、美感、道德等较高级的情感。情绪能稳定更长时间,但仍以不稳定、多变为主要特点。

情绪的自我调控能力明显增强,随着语言能力的发展,幼儿对很多事情能够用语言来表达,从而把自己的情绪调整到更合适的水平。例如,听到很大的声音,幼儿可以捂住耳朵,说"我听不到了",这样做可以减轻恐惧的情绪。其他小朋友玩游戏,而自己插不进去的时候,幼儿会对自己说"我其实一点儿都不爱玩这个游戏",从而消除一些负面情绪,用这样的策略帮助幼儿减少负面情绪的爆发。但是,由于幼儿的语言尚未发展得很好,有时为了表达感受、发泄不满和被激怒时常常发脾气,但随着语言的发展和控制力的提高而逐渐减少,一般5岁左右就很少发脾气了。这个时期的幼儿多体验积极正面的情绪,有利于他(她)

们建立良好的社会交往。

为了避免幼儿的心理适应问题,父母首先要调控好自己的情绪。幼儿通过观察父母,学会调控情绪的策略。当然,父母也要注意幼儿情绪上的变化,及时交流,帮助幼儿用语言描述出他/她们自己的焦虑等负面情绪。通过找到处理的方法,幼儿能够学会用积极的方法处理生活中的困境,减少消极情绪的反应。

由于认知发展的特点,想象发展迅速,这个阶段的幼儿,开始善于幻想,喜欢富于想象的童话故事,拟人化的游戏等,并倾向于通过自己的想象去解释周围的世界。常见的害怕和焦虑内容为想象中的事物以及动物、黑暗、嘲笑,譬如害怕黑暗中有"鬼怪"。遇到挫折的时候,也可能用幻想来处理。成人对幼儿通过想象来解释周围世界,以及主动在幻想世界里处理实际生活中困难的行为应该给予肯定和鼓励,并正确引导。这样幼儿就会获得积极的主动性,使其想象力和创造力充分发挥。

4岁左右的幼儿已经建立起有意义的自尊感,如在评价"我是个好(坏)孩子"时便会产生积极(或消极)的感受。家长的教育方式在幼儿自尊的形成中至关重要。如果家长对幼儿是温暖、支持、民主的,则幼儿的自尊比较高,家长对幼儿需要的敏感也有利于自尊的形成。5～6岁时至少90%的幼儿能进行自我评价,能有意识地把自己同其他幼儿比较,不仅进行独立的自我评价,还会评价他人。但是,幼儿的自我评价往往从情绪出发。对自身的评价随年龄的增长越来越敏感,并且逐渐发展到较客观的评价,如"我跑得比某某快"。如果大人经常将幼儿与其他幼儿比较并说别人好,幼儿则会形成自己不如别人的感觉。对学前儿童应注意独立性、主动性和性角色的发展和培养。

4～5岁后,幼儿逐渐能采用一些方法以能使自己等待,如玩玩具、唱歌、看图书、四周走动等,学前儿童耐心等候满足的时间难以超过15分钟。5～6岁学龄前期儿童,行为仍比较冲动,但对外部行动的自我控制和调节能力迅速地发展。会用语言与别人商量,在解决问题时会用简单的谈判技术,例如,3～4岁幼儿很喜欢简单地说"不"来违抗大人的要求,而5～6岁幼儿不愿服从大人的要求时会以更复杂的语言与大人协商。此外,幼儿也能在成人的要求下做一些并非自愿和有兴趣的事情。4～5岁时,幼儿能意识到内心世界的愿望和信念,做出思考的样子,说"我想"怎样,也开始意识到别人有与自己不同的感受,逐渐去除"自我中心";5～6岁时开始理解别人在想什么,能从对方的角度考虑问题,意识到错误的想法和行为,独立性更强,自己能完成的事情增多。

4岁开始,幼儿喜欢与其他小朋友们玩,游戏时更会合作,并开始懂得游戏规则,通过各种角色扮演游戏走出自我中心,体验他人的情感,学习基本的生活技能、人际交往技能,培养学习兴趣以及打下良好的个性基础。4～5岁的幼儿具有很好的顺应性,愿意遵守规定,愿意分享,将自己的东西分给别人,对自己喜欢的小朋友表示友好,如拉手、将自己玩具拿给小朋友。5岁幼儿,更有社会性,喜欢交往,参加与其他小朋友共同进行的活动,保持同伴友谊的技巧提高,是否被小伙伴接纳越来越重要,如果经常被同伴拒绝则自尊受挫。开始关注家庭以外的成人和幼儿,试探性地询问周围或其他地区的事情,如询问新闻中受灾小朋友的情况。

4～6岁学前时期是性别认同的关键时期,不能有性别歧视但也不能忽视性别差异,如果经常被打扮成异性的样子,或长时间生活在缺乏同性别的环境中,则不能形成正确的性别认同、产生性角色混乱,甚至会对长大后的心理状态造成影响,如异性化。4～5岁开始,意识到性别的差异,意识到同性别应有的活动方式、认同同性别家长,表现为进行同性别的活动、模仿同性家长的行为,例如,男孩模仿父亲的勇敢、喜欢运动,女孩模仿母亲梳妆打扮、喜欢玩娃娃;同时,对异性家长产生性好奇,如对异性家长身体、衣物、如厕方式感兴趣并有相应的好奇行为,例如,女孩模仿父亲站着小便,男孩偷偷试穿母亲的内衣,并对其他幼儿的身体部位感兴趣。

早期教养指导
鼓励想象能力。
鼓励幼儿与同伴的交往和游戏,帮助幼儿学会分享。
给予正确的性别和角色的认同,告诉幼儿自己的性别。
对幼儿要求明确,有一定限制,帮助幼儿遵守规则。

促进方法——相关游戏

亲子游戏1:我的一天

💗 **目标:** 学习基本的生活规则,提高语言表达能力。

💗 **准备:** 日常生活的流程图片、日常生活片段的照片。

💗 **玩法:**

1. 和幼儿一起制作日常生活的流程图片,如起床、洗漱、上幼儿园、吃饭、放学、看电视、游戏、睡觉等。成人和幼儿一起按日常生活的流程顺序排列卡片,鼓励幼儿依照卡片说出日常生活的流程。

2. 把幼儿日常生活的片段拍成照片,如起床洗漱、上幼儿园、洗澡、玩玩具、睡觉等。成人和幼儿一起看照片,让幼儿更加熟悉生活流程的次序,并以不同的问题引导幼儿:"你今天在幼儿园做了什么?""你今天在幼儿园里中午饭吃了什么?""你今天放学回家的路上看到了什么?"让幼儿说出自己的生活流程和一些感受。

💜 **分析**:通过描述自己的一天,熟悉每天的生活流程,同时在叙述的过程中锻炼了语言表达能力。

亲子游戏 2:皇帝的新衣

💜 **目标**:培养幼儿相互交往、组织和协作的能力。

💜 **准备**:绘本《皇帝的新衣》。

💜 **玩法**:

1. 给幼儿讲述《皇帝的新衣》的故事。

2. 给幼儿戴上皇冠披上大毛巾,扮作皇帝,请其他小朋友扮成大臣和小孩,由成人引导进行复杂的角色扮演游戏。如果幼儿在游戏的过程中忘记故事情节,可以由成人出示绘本中的图案或者进行语言提示。

3. 重复游戏,轮换小朋友的角色。

💜 **分析**:幼儿 4 岁后应鼓励多与同伴进行合作性游戏、有主题的角色扮演游戏,培养人际交往技能。

亲子游戏 3:森林探险寻宝

💜 **目标**:培养幼儿解决问题的能力,丰富幼儿的想象力。

♥ **准备**：城堡图案拼图。

♥ **玩法**：

1. 假设一个森林探险寻宝的情景，邀请多个幼儿参与协助寻找宝物（城堡拼图的碎片），以建成一个城堡。

2. 先简单介绍探险的行程，并引导幼儿从椅子下面等地方找到城堡图案拼图的碎片，合作拼出城堡的图案。

3. 引导幼儿幻想如何把拼图带出森林，中途遇到困难要如何处理，如何解决问题。例如，如果遇到小河要怎么到达河的对岸，如果遇到雷电风雨要怎么躲避，如果遇到猛兽要怎么应付，如果遇到峡谷木桥要怎么克服畏高的心理等。

4. 完成游戏后请幼儿分享完成任务的心情，鼓励他（她）们回顾感受、回忆游戏过程，描述遇到困难时的感受和克服困难的方法。

♥ **分析**：通过情景设置，发挥幼儿的想象力，让幼儿通过发现问题，讨论交流解决问题的办法，培养幼儿的思维能力，丰富幼儿的知识与经验。

亲子游戏 4：接待客人

♥ **目标**：培养幼儿的社交能力和为他人服务的能力。

♥ **准备**：幼儿熟悉的成人，安静的环境。

♥ **玩法**：

1. 成人假装为客人，幼儿作为主人接待客人，幼儿先让客人坐下来，问清楚客人的姓名和目的。

2. 成人在一旁协助和引导，让幼儿告诉客人父母现在不在家，如果有什么事情可以告诉他（她），或者让客人留一张纸条，由他（她）交给父母，或者留下联系方式。如果是他（她）没有见过的客人，要教会幼儿应该先问清楚客人来找谁，对于不认识的人不要开门，更不能进门，让幼儿有警惕的意识。

♥ **分析**：通过游戏，让幼儿学习简单的交往技能，并且知道对于不认识的人不要开门，学会自我保护。

亲子游戏 5：亮亮认错

♥ **目标**：学会勇于承认错误，培养责任意识。

♥ **准备**：绘本《亮亮认错》。

💙 **玩法**：

1. 给幼儿讲述故事《亮亮认错》："亮亮不小心把姐姐心爱的拼图弄丢了,后来经过爸爸妈妈的教育,明白做错事要道歉,于是和姐姐说了对不起,得到了姐姐的原谅,最后更是齐心合力把丢失的拼图找了回来。"

2. 和幼儿讨论亮亮为什么会得到姐姐的原谅;亮亮做错事后,又是如何解决问题的。

3. 和幼儿讨论生活中需要道歉的情境。

💙 **分析**：在讲故事的过程中潜移默化地使幼儿认识到是自己的错误就要有勇气承认,主动道歉,并想办法去补救。

亲子游戏6：跳舞圈圈

💙 **目标**：培养幼儿规则意识。

💙 **准备**：一个大地垫。

💙 **玩法**：

1. 让幼儿在大的地垫上跳舞,强调只能在地垫上走动,不可以越线或者到其他地方,否则要坐在圈外看其他小朋友玩耍,直到下一首乐曲才可以加入游戏。

2. 坐在圈外的小朋友则要帮忙看着正在跳舞的幼儿有没有越线。当音乐停止时,让所有的幼儿坐在地垫上,数一数没有按照规则在指定范围内跳舞的幼儿有多少位,并鼓励越线的幼儿再进入游戏时要特别当心。

💙 **分析**：通过游戏帮助幼儿理解和遵守游戏规则,培养规则意识。

寄语

　　每个宝宝都是独特的个体,宝宝的发育水平也不完全一致,家长在日常的生活中多花时间和宝宝在一起,了解你的宝宝,让宝宝快乐成长。在成长的海洋中,愿每个宝宝都成为一朵快乐的浪花,自由前行。

第二部分

0~6岁儿童情绪和行为筛查及问题指导

一、0~6岁儿童情绪和行为的筛查

国际上用于婴幼儿情绪和行为评估的方法有多种，很多方法因为需要专业人员操作并且有版权限制而不能公布于众，以下3个方法是本书主编张劲松从众多方法中挑选出来的，它们简单易行而且可以公开使用。张劲松将测试项目翻译为中文并主持对中国儿童（上海地区）进行测试，任芳医生参与了项目的实施，最终得到评估参考值，相关论著已经发表。在本书中，我们将测试方法和参考值公布于此供需要者免费使用。

（一）婴幼儿儿科症状检查表（适用于出生至不满18个月）

1. **填表说明**：这份父母问卷是关于出生至17个月30天婴幼儿情绪和行为的题目。一些题目可能有些难以理解，特别是如果你没有看到你的孩子有这样的行为时，请尽力完成所有的问题。请认真回答每一题目。

请在最符合你孩子的情况选项上划圈	从不	有时	经常
1. 你的孩子经常哭吗？	0	1	2
2. 你的孩子很难平静下来吗？	0	1	2
3. 你的孩子易激惹或烦躁不安吗？	0	1	2
4. 安抚你的孩子有困难吗？	0	1	2

请在最符合你孩子的情况选项上划圈	从不	有时	经常
5. 你的孩子和陌生人相处有困难吗？	0	1	2
6. 你的孩子难以适应新环境吗？	0	1	2
7. 你的孩子难以适应变化吗？	0	1	2
8. 你的孩子不愿意让别人抱吗？	0	1	2
9. 你的孩子睡不安稳吗？	0	1	2
10. 让你的孩子遵守时间表或规则有困难吗？	0	1	2
11. 你的孩子入睡困难吗？	0	1	2
12. 因为你的孩子，你难以保证充足的睡眠吗？	0	1	2

计分方法："从不"计0分；"有时"计1分；"经常"计2分，算出总分。

2. 下图使用说明：

🍬 在横轴上找到月龄，在纵轴上找到分数，两者交点以圆点标记。

🍬 分数图上共有3条曲线，代表不同月龄孩子检查表计算所得总分的第10、50、90百分位。

🍬 当你的孩子的得分位于第90百分位之上或位于第10百分位之下时，须考虑可能存在社会性情绪问题，建议进一步就诊。

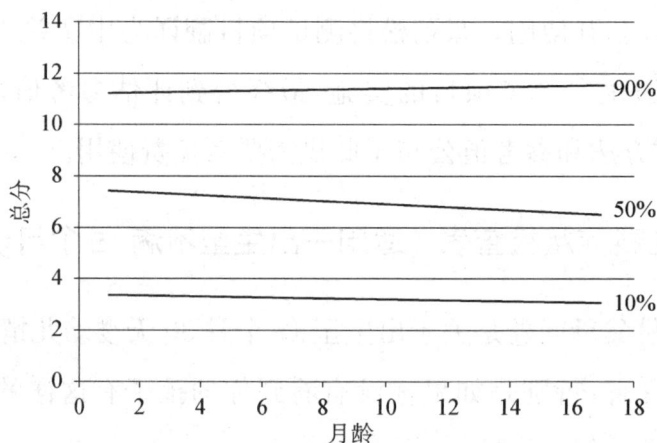

0～18个月婴幼儿检查表计算总分百分位

（二）幼儿儿科症状检查表（适用于18个月至不满5岁）

填表说明： 这份父母问卷是关于18～59个月30天幼儿情绪和行为的题目。一些题目可能有些难以理解，特别是如果你没有看到你的孩子有这样的行为时，请尽力完成所有的问题。请认真回答每一道题目。

请在最符合你孩子的情况选项上划圈	从不	有时	经常
1. 会故意弄坏东西吗？	0	1	2
2. 会和其他小朋友打架吗？	0	1	2
3. 有攻击行为吗？	0	1	2
4. 容易发脾气吗？	0	1	2
5. 和其他小朋友一起玩有困难吗？	0	1	2
6. 看上去伤心或不高兴吗？	0	1	2
7. 看上去紧张或害怕吗？	0	1	2
8. 如果事情不是按一定方式完成,会感到不安吗？	0	1	2
9. 适应变化有困难吗？	0	1	2
10. 集中注意力有困难吗？	0	1	2
11. 烦躁或不能安静地坐着吗？	0	1	2
12. 专注于一项活动有困难吗？	0	1	2
13. 把他(她)带到公共场所有困难吗？	0	1	2
14. 让他(她)服从你有困难吗？	0	1	2
15. 安抚他(她)有困难吗？	0	1	2
16. 知道他(她)的需要有困难吗？	0	1	2
17. 让他(她)遵守时间表或规则有困难吗？	0	1	2
18. 很难平静下来吗？	0	1	2

计分方法: "从不"计 0 分;"有时"计 1 分;"经常"计 2 分,算出总分。

温馨提示: 若男孩总分≥12 分或女孩总分≥10 分,可疑有问题,建议进一步检查。

(三)心理社会问题筛查——儿科症状检查表(适用于 4~16 岁)

请在最符合你孩子的情况选项上划圈	从不	有时	经常
1. 诉说疼痛	0	1	2
2. 喜欢长时间独处	0	1	2
3. 容易疲劳,精力不足	0	1	2
4. 烦躁,坐立不安	0	1	2
5. 与老师有麻烦	0	1	2
6. 对学校不太感兴趣	0	1	2

请在最符合你孩子的情况选项上划圈	从不	有时	经常
7. 行动好像受马达驱动,不能自控	0	1	2
8. 好做白日梦或呆想	0	1	2
9. 注意力容易分散	0	1	2
10. 害怕新环境	0	1	2
11. 感到悲伤,不愉快	0	1	2
12. 易激惹、发脾气	0	1	2
13. 感到没有希望	0	1	2
14. 集中注意有困难	0	1	2
15. 对朋友不太感兴趣	0	1	2
16. 与其他儿童打架	0	1	2
17. 逃学	0	1	2
18. 留级	0	1	2
19. 看不起自己或有自卑感	0	1	2
20. 去看病但医生又查不出任何(躯体)问题	0	1	2
21. 睡眠不好	0	1	2
22. 忧虑过多	0	1	2
23. 比以前更想与你在一起	0	1	2
24. 感到他或她的(精神或心理)状态不好	0	1	2
25. 冒不必要的危险	0	1	2
26. 经常受伤	0	1	2
27. 似乎没有什么乐趣	0	1	2
28. 行为较同龄儿童幼稚	0	1	2
29. 不听从规矩	0	1	2
30. 不表露出自己的感受	0	1	2
31. 不理解别人的感受	0	1	2
32. 取笑、戏弄他人	0	1	2
33. 因他(她)自己的麻烦或烦恼却责怪别人	0	1	2
34. 拿不属于他(她)自己的东西	0	1	2
35. 拒绝与他人分享	0	1	2

计分方法:"从不"计0分;"有时"计1分;"经常"计2分,算出总分。

温馨提示:若总分≥22分,可疑有问题,建议进一步检查。

二、0~6岁儿童常见情绪和行为问题分析与应对

（一）为什么幼儿经常哭

哭代表不愉快的情绪。众所周知，婴儿一出生就会哭。哭是幼儿的本能之一，也是他们表达情感和需求的最重要的一种方式。在婴幼儿出生后的第一年，当他还未学会用语言或肢体动作来表达他的情绪或需要时，他们只能用哭泣来表示。幼儿哭泣所代表的信息是多层面的，大约可分为生理需求、心理需求、疾病状况3种，表达这3种状况或需求的哭法是不同的，应该注意区分。

☀ 生理需求：对于尿布脏了或湿了、饿了、渴了、痒了、太热或太冷、声音太大、光线太亮或太暗等不适，婴儿都用哭声来表达。与婴儿朝夕相处的母亲只要仔细倾听，就能分辨出不同的原因。满足婴儿的要求后，婴儿就会停止哭闹。因此，这种哭泣是比较好解决的。

☀ 疾病状况：假如宝宝哭声比平常尖锐、凄厉，或哭时握拳、蹬腿、烦躁不安，不论如何抱也无法让他（她）安静下来，那么宝宝可能是生病了。当身体不适引起疼痛时，不会说话的婴儿就用肢体语言和哭声来表达。各种系统的疾病，只要能引起不适，宝宝都会用哭声来表达，且这种哭声往往不同于一般的哭声。常见的导致婴儿哭闹的疾病有口腔溃疡、腹痛、鼻塞、头痛、中耳炎、尿布皮炎等。如果是疾病引起的哭泣，必须请医师诊治。

☀ 心理需求：每个幼儿的气质都不同，有的幼儿动不动就大哭大闹，有的幼儿却是常常笑容满面……父母应多观察幼儿的行为表现，了解他（她）们先天的气质。

爱哭泣的幼儿比较黏人，易受惊吓，是气质上比较敏感或坚持度高、适应性差的类型。表达心理需求的哭声比较轻、低，幼儿甚至会盯着成人或伸出双手表示他（她）想要抱了，想要有人陪他（她）玩。对于这种哭，父母只要抱抱他（她）、逗逗他（她），就万事大吉了。3~6个月时，婴儿开始熟悉亲近的人，高兴就笑，不高兴就哭。6个月以后，婴儿对四肢的控制更成熟，表情也更丰富，许多生理需求不必借哭来表示了，而表达情绪的哭泣比例增加，如不满、失望、害怕、生气、挫折等。当被成人拥抱时，幼儿能感到满足与愉悦，所以父母应该抱抱幼儿，让幼儿感受到关爱，这对他（她）日后的情绪发展有良好的基础。

另外，还有种哭闹是父母管教不当导致的。幼儿在与父母的互动中，会以一定的方式探测父母的反应，如果这种方式很"管用"，那么幼儿就会采用这种方式达到自己的目的。

例如,如果幼儿一哭闹父母就给他(她)玩具、糖果,那么日后幼儿就会以哭闹的方式来"谋取"玩具、糖果,达到自己的目的。

在排除了幼儿的生理需求及疾病状况后,家长应如何应对孩子的哭闹呢?以下是应对幼儿哭闹的一些办法。

宝宝哭闹应对策略

稳定情绪、坦然面对	父母与幼儿的情绪可互相感染,幼儿哭泣时,父母不要因此惊慌失措或发脾气。如果父母表现出不耐烦、烦躁或紧张,幼儿可能会哭得更厉害。因此,父母一定要先克制自己的情绪,让哭闹中的幼儿感觉到父母的冷静,减少哭闹的情绪。
抱在怀中,安定情绪	当幼儿情绪失控时,可将幼儿抱至怀中轻拍安抚。有时幼儿哭闹可能是因为被忽视了、害怕,需要父母抱一抱,从父母的搂抱中获得安全感,得到安慰,这时父母不要置之不理。抱一会儿后,将幼儿妥善安置在小床上、小推车里,让他(她)继续独自玩。
用温柔的语气对幼儿说话	温柔地对幼儿说:"怎么了,为什么哭得这么伤心""你很难过,哭一下没什么关系""告诉妈妈为什么难过"。即使幼儿听不懂,温柔的语气也会让幼儿感觉到关心,烦躁情绪就会缓解。
利用辅助工具安抚幼儿	幼儿闹情绪时,可以利用一些幼儿平常喜爱的玩具、布娃娃,让他(她)抱在怀中,暂时安抚幼儿失控的情绪,然后再进行安抚、询问。
让幼儿感到被关心	拿水给幼儿喝,拿毛巾给幼儿擦拭泪水,可以让幼儿得到安慰。
站在幼儿的立场思考问题	当幼儿闹情绪时,应了解幼儿发脾气、哭闹的真正原因,站在幼儿的立场去思考问题,即所谓"移情"。当幼儿对父母诉说他(她)的感觉和想法时,除用心倾听外,还要表示同情,重复幼儿所讲的话会让幼儿感觉到父母是了解他(她)的。
适当的管教	如果发现幼儿是在以哭闹为手段来达到满足自己要求的目的,如要买新玩具、要吃糖果等,父母就必须适度地管教幼儿,让幼儿知道这样的行为、举动是达不到目的的。

有的幼儿特别爱哭,一遇到不愉快的事情就会"哇哇"大哭,哄也哄不住,常常弄得父母心烦意乱。如果您采取了前面的安抚措施还不能让他(她)停止哭泣时,那么就采取不予理睬的"冷"处理方法,让他(她)去哭一会儿,发泄一下。待他(她)停止哭泣,再跟他(她)讲道理,进行正面教育。强行让幼儿不哭或一味迁就他(她),对他(她)的心理发展都是不利的,前者使其心理受压抑,后者使其学会将哭当作法宝来要挟父母。

如果父母在安抚哭闹的孩子时用错了方法,不仅没法缓解孩子的情绪,还会使这场"战争"愈演愈烈。以下是一些不恰当的安抚方法。

对宝宝哭闹不恰当的安抚方式

过激处理	冲动地责怪幼儿,嫌幼儿"真是讨厌",甚至生气地破口大骂,叫幼儿立刻停止哭闹,以威吓的方式强迫幼儿不哭。
过于冷漠	对幼儿哭闹完全视若无睹,继续做自己的家事,任由幼儿在一旁哭闹。
哄骗	拿一样吃的、玩的东西给哭闹中的幼儿,希望他(她)能就此停止哭闹。
反应过度	过于宠爱幼儿,幼儿一哭,就急忙紧张地抱住安慰,满足不应该满足的要求,如物质上的、看电视、放弃应有限制,或是稍微碰疼了就过度地哄。这种方式的后果是,幼儿日后经常以哭闹的方式来达到自己的目的。

要从容应对幼儿的哭闹需要一段时间,当父母越来越了解自己的宝宝时,就会掌握一套适合自己宝宝有效的应对方法。

安抚幼儿的亲子游戏

亲子游戏 1:找哭脸和笑脸(18 个月以上)

💙 **目标:**认识哭脸和笑脸,学会理解别人的感受,更好地调控自己的情绪。

💙 **准备:**表情卡片 2 张(哭脸和笑脸)。

💙 **玩法:**

1. 家长问幼儿:"谁在哭?"让幼儿找出哭脸;又问:"谁在笑?"让幼儿找出笑脸。

2. 找对了,家长做相应的表情,并让幼儿照着做一个;找错了,家长拿出正确的图片,之后再让幼儿做相应的表情。

💙 **分析:**让幼儿学会通过看人的面部表情来判断高兴还是不高兴,学习与人交往的技巧。

亲子游戏 2:谁哭了(2 岁以上)

💙 **目标:**帮助幼儿在哭闹的时候建立良好的情绪。

💙 **准备:**小熊宝宝绘本系列《谁哭了》或其他绘本。

💙 **玩法:**

1. 在幼儿情绪良好的时候,家长和幼儿一起阅读绘本《谁哭了》。讨论小老鼠、小兔子这些小动物为什么要哭。

2. 家长问幼儿:"大家为什么都不哭了?"和幼儿一起讨论。

3. 读到最后一页,发现"呜呜—哇哇—"声是小小熊在哭,家长告诉幼儿:"小宝宝才会哭,你已经长大了,长大的孩子不会哭"。

💙 **分析**:通过榜样作用,让幼儿学会调节自己的情绪。

(二) 如何培养孩子良好的睡眠习惯

睡眠问题是家长们常常抱怨的话题。有的幼儿入睡困难,要大人抱着入睡,而且必须睡熟了才能放下来,不然一放下来就醒;有的幼儿夜间常常哭闹,甚至要玩一会儿或讲个故事才肯再入睡;有的幼儿1岁多了半夜里还非得要吃一顿奶。睡眠问题常常弄得年轻父母精疲力竭,晚上睡不好,白天工作没有精神;有的还担心幼儿是不是受到了惊吓或是缺钙。事实上,很多幼儿的睡眠问题是睡眠习惯不好引起的。

良好的睡眠包括按时睡觉、自己入睡、入睡快等,这些习惯需要从婴儿阶段开始培养,使幼儿每天到了睡觉时间,大脑皮质就很快产生抑制,进入睡眠。以下这些方法,有助于幼儿形成良好的睡眠习惯。

培养良好睡眠的策略

安静的睡眠环境	保持卧室安静、光线柔和、空气新鲜,降低说话声,使幼儿一到这种环境就产生睡意。
睡前活动	睡觉前需保持幼儿平静,不要让幼儿玩兴奋的游戏、听惊险可怕的故事、喝刺激性的饮料。睡前至少半小时开始做睡觉的准备。
睡眠音乐	当幼儿躺下后,可以让他(她)听一些柔和的音乐。对某些幼儿来说,轻柔的音乐有催眠作用。
开盏小灯	一盏小灯可以消除幼儿对黑暗的恐惧,使其安心入睡。
固定睡眠时间	每晚的入睡时间应固定,不要随便变更。
培养自我安慰入睡	1岁以内的婴儿可以放在摇篮里摇着入睡,1岁以后,给幼儿找一个依恋物替代家长的安慰,如抱着宠物玩具或摸着柔软的被子、一小块面料都可以帮助幼儿安慰入睡。
爱抚	如果幼儿不能自己入睡,不要大声训斥,可以轻轻抚摸他(她),令其入睡。慢慢地缩短睡前安抚的时间,使幼儿逐步过渡到自己入睡。也可以放一个幼儿平日喜欢的娃娃或长毛绒动物玩具在床上,说"小白兔困了,已经在床上等你睡觉了"。

家长们总希望婴儿晚上能睡得时间长一些,但婴儿晚上经常醒来,有时还会大哭,这主

要是他(她)们的睡眠周期与成人不同造成的。对婴儿来说,每隔1～2个小时哭吵几分钟是正常的。一般到3个月以后,婴儿深睡眠时间拉长,浅睡眠时间缩短,晚上容易醒来的敏感时期减少,即使醒来,也能很快进入深睡眠。

婴儿夜间哭吵时,一般轻轻拍拍他(她)的身体,就可再次进入梦乡,很快转入下一个睡眠周期。除了睡眠周期因素外,还应排除环境因素,如太冷或太热、尿布太紧或太湿、睡前进食太多或太少、睡前太兴奋或紧张、经常由父母抱着、拍着或摇着入睡、环境不安静、白天睡得太多等。如果是这些原因引起的,就要针对原因改善睡眠环境,培养良好的睡眠习惯。

6个月以内的婴儿还可能出现日夜颠倒的现象。这是由于婴儿大脑皮质功能发育不完善,正常的生活规律尚未建立,婴儿对黑夜和白天没有时间概念,如果照养者没有有意识地给婴儿建立睡眠规律,就会出现白天大部分时间在睡眠,而晚上清醒的时间较多,甚至在夜间啼哭不止。这种现象可能持续到8～9个月。

如果婴儿出现日夜颠倒的现象,父母可以采取以下措施。

◇ 在临睡前换上干爽的尿布,让宝宝吃饱后入睡。

◇ 晚上应避免逗引宝宝,不要让他(她)过度兴奋。

◇ 宝宝半夜醒来时,不要马上把他(她)抱起来哄,这样会彻底弄醒宝宝,而应轻轻拍拍他(她),让他(她)迷迷糊糊地继续睡觉。

◇ 减少白天的睡眠时间。宝宝白天睡得多,夜里便精神十足。因此,白天应多逗宝宝,减少宝宝白天的睡眠时间。

此外,为了培养良好的睡眠习惯,家长们还应该避免一些不良的睡眠行为,这些行为可能使幼儿养成不良的睡眠习惯。

不良的睡眠习惯

抱在手中边走边拍边哼歌曲哄宝宝入睡	宝宝习惯了边拍、边摇或者哼着歌曲入睡,如果夜间醒来时没人哄他(她),就会经常在夜间啼哭。因此,如果你没有足够的耐心这样拍或摇宝宝2～3年,并能坚持在夜间起来4～5次,且不担心夜间多醒会影响睡眠质量,你最好还是不要去"培养"这个习惯。不过,如果你有耐心和体力,并不反对,孩子3岁以后自然会逐渐自己在床上入睡。
让宝宝含着奶头入睡	当婴儿含着奶头一边吃着一边就睡着了时,父母往往不忍心因拔出奶头而惊醒他(她),久而久之,宝宝就养成了这个习惯,往往含着奶头似睡非睡、似醒非醒地吃几口。虽然含着奶头入睡看似没有什么特别的不良后果,但如果宝宝长牙了而这坏习惯还没有改掉的话,那么就会导致龋病。因此,从婴儿时期开始,当宝宝入睡后,就应及时将奶头拔出。

亲子游戏：动物睡觉（1岁以上）

💗 **目标：** 建立规律的作息时间，培养幼儿独立入睡的好习惯。

💗 **准备：** 小熊宝宝绘本系列《睡觉》或其他绘本。

💗 **玩法：**

1. 晚上睡觉前，妈妈把床铺好，和幼儿说"该睡觉了"，然后伸个懒腰、打个哈欠给他（她）看。

2. 给幼儿读绘本《睡觉》："天黑了，月亮公公出来了，宝宝困了，打哈欠了，小熊打了个哈欠，小熊睡觉了，小老鼠打了个哈欠，小老鼠睡觉了，小兔子打了个哈欠，小兔子睡觉了，玩具也都睡了，安安静静的，舒舒服服的，宝宝，乖乖睡吧！"

💗 **分析：** 通过展示绘本中小动物们的睡觉场景，让幼儿学习模仿，逐渐养成幼儿独立睡眠和按时睡眠的好习惯。

（三）为什么宝宝容易烦躁

当原本安静的宝宝变得烦躁、爱哭闹时，要检查有无刺激性的因素出现，需要辨认宝宝烦躁的原因，针对不同的原因采取应对措施，避免惩罚或吓唬宝宝。

宝宝烦躁的原因和应对策略

原　因	对　策
基本的生理需要没有被满足——如饿了、累了、困了、病了、感到不舒服。	在合理的范围内尽快满足基本的需要，尽量少说任何可能导致冲突、令幼儿烦躁的言语。
气质类型属于反应阈低、敏感的幼儿：——他（她）们的各种感官可能都很灵敏，容易注意到各种变化或差异，会在乎声音大小、光线强弱、衣服的质地、别人的触碰等。他（她）们比一般幼儿更容易感到不安、烦躁。	对于敏感的幼儿，家长要善于体会他们的心情，应以幼儿的感受为准。尽快将引起幼儿烦躁的东西拿走，不要多说什么。例如，幼儿抱怨衣服太紧、太热，不喜欢衣服的式样或颜色，还不会表达的幼儿只会用手推的动作拒绝衣服并显得烦躁，这时，换件幼儿感到舒适的衣服，不必坚持幼儿穿他（她）们不愿意穿的衣服。
活动被限制——有时候是幼儿有能力但被大人限制，尤其对于活动量大的幼儿，由老人照顾或父母的性格喜静、怕危险，更容易发生冲突。	检查是否对幼儿的活动限制过度。有时候是幼儿要显示自己的"本领"但"自不量力"，可以找些替代性的活动让他们选择，供选择的活动应能显示出孩子的"本领"，让幼儿有能力感。

（续表）

原　　因	对　　策
想要影响别人——通常是想要获得大人注意，之前很可能是大人们忽视了幼儿发出的生理或心理需求信号，而当幼儿情绪烦躁时才被关注。	家长应及时关注幼儿恰当言行的表达并及时给予回应。
试探或操纵家长。	通常没有合理的原因，所以家长要坚持原则不让步，冷处理，直到幼儿平静下来。
失败、感到挫折——由于受到能力、技巧、经验等方面的限制，幼儿很容易遇到困难，而其自身控制情绪的能力还不强，稍遇到困难就会显得烦躁。	家长切不可因此过分心疼幼儿，不妨放开手脚，给幼儿锻炼的机会。幼儿摔倒了，鼓励他（她）自己爬起来，要玩具自己去拿，别把他（她）生活中的障碍清除得干干净净，鼓励幼儿自己动手去实现某些需要。甚至在日常生活中，家长可以有意设置些小难题，引导幼儿去解决。例如，在幼儿学会爬的时候，就可以刻意地设置一些安全的障碍物，让他（她）去跨越。幼儿失败了，家长引导他（她）寻找失败的原因和成功的方法，继续练习，培养幼儿克服困难的勇气。在幼儿获得成功的时候，家长要及时给予赞扬。

应对烦躁的亲子游戏

亲子游戏1：走独木桥（1岁以上）

💗 **目标：**培养幼儿跨越障碍的能力。

💗 **准备：**沙发垫、枕头或靠枕。

💗 **玩法：**

1. 把沙发垫、枕头或靠枕放在地上，排成两排，当成两座独木桥。

2. 家长和幼儿比赛，看谁先走过独木桥到达终点。

3. 行进中，脚不能触地，先触地者，即为失败。

💗 **分析：**枕头、沙发垫或靠枕可以用不同大小、颜色和质地的，使独木桥变得丰富有趣。当幼儿成功走过独木桥，家长要及时表扬鼓励，增强幼儿克服困难的勇气。比赛过程中，家长可以让幼儿多赢几次，增加他（她）的积极性。

亲子游戏 2：敲敲乐(2 岁以上)

💜 **目标**：提高敏感幼儿对声音的耐受性。

💜 **准备**：两根筷子和两个脸盆。

💜 **玩法**：

1. 找两个脸盆，家长和幼儿一人一个，将脸盆倒置放在地上。

2. 家长用筷子在脸盆上敲出节奏，如嗒-嗒-嗒。让幼儿在他(她)的脸盆上模仿这个节奏。

3. 当幼儿熟悉以后，家长一边敲出节奏一边配上词，并且让幼儿跟上。

4. 家长和幼儿轮流敲，让对方模仿。

💜 **分析**：提高幼儿对声音的耐受性，体验快乐情绪，感受节奏感。

亲子游戏 3：捶捶背(2 岁以上)

💜 **目标**：提高敏感幼儿对感觉的耐受性。

💜 **准备**：大毛绒玩具一个。

💜 **玩法**：

1. 毛绒玩具、爸爸、妈妈、幼儿按顺序同向坐成一列。坐在后面的人给前面的人捶背，边捶背边念儿歌："小小手，暖乎乎;捶捶背，真舒服。"

2. 依次轮换位置继续玩。

💜 **分析**：相互地捶背能提高幼儿对触觉的耐受性，还能培养亲子之间互相关爱。

亲子游戏 4：盖高楼(2 岁以上)

💜 **目标**：培养幼儿独立用积木一步一步耐心做事的坚持性和自信。

💜 **准备**：积木玩具一组。

💜 **玩法**：

1. 家长和幼儿一起商量盖高楼，家长引导幼儿熟悉按步骤盖高楼的基本方法。

2. 家长和幼儿进行盖高楼比赛，看谁搭得高。

💜 **分析**：家长要允许幼儿自主盖楼，允许幼儿体验失败，及时引导鼓励幼儿的各种想法，培养幼儿独立做事的坚持性和自信心。

亲子游戏 5：晾衣服(2 岁以上)

💜 **目标**：让幼儿学会处理一些"意外"的事情，培养幼儿的耐心，增强幼儿的抗挫折能力。

　　💜 **准备**：大夹子、几件小衣服、绳子一根。

　　💜 **玩法**：

　　1. 家里找两个固定点,将绳子固定挂住,当做一根晾衣绳。

　　2. 让幼儿用大夹子把衣服一件一件分别挂在晾衣绳上。

　　3. 如果幼儿没夹住衣服,衣服掉到地上了,家长要引导幼儿:"快把衣服抱起来,拍拍他,问问他摔疼了没有。"幼儿抱起衣服拍拍后,家长可以说:"拍一拍,他就不疼啦!我们再夹另一件衣服吧。"

　　💜 **分析**：对于幼儿来说,用夹子夹衣服就像让他(她)学习用筷子夹菜一样,不是一件很容易的事。幼儿夹一个后可能就会想到要放弃。这时,家长可以用话语去引起幼儿的兴趣,多多鼓励幼儿。

（四）宝宝"怕生"，不愿理睬外人

　　认生是宝宝认知和情绪发展的一个重要里程碑,表明他们已经能把熟人和生人区分开来,把熟悉的地方和陌生的地方区分开来,可使婴幼儿避免从不友好的陌生人那里受到伤害。当婴幼儿见到熟悉的亲人时,知道这些人能给自己带来欢乐和安全,所以他们就高兴、兴奋,有安全感;而当陌生人出现时,他们不认识这些人,不知道这些人会怎么样,他们当然会担心、忧虑和害怕。

　　一般婴儿在5～6个月时见到陌生人会有一种严肃的表情;在6～8个月时产生怯生,即陌生人焦虑,见到陌生人表现出害怕、不安、转头、寻找母亲或依偎在母亲怀中;8～10个月之间达到高峰,明显地表现出对陌生人的警惕或害怕,甚至大声哭喊;以后焦虑的强度逐渐下降,明显的陌生人焦虑约持续到2岁。但是,婴儿并不是对所有的陌生人都害怕,即使在8～10个月龄时,有时也会对陌生人表现出积极的情绪反应。婴儿的陌生人焦虑受许多因素的影响,主要有以下几个方面:

　　🍬 父母或熟悉的人是否在场:父母在场则怯生程度较轻。

　　🍬 环境的熟悉性:在熟悉的环境中不是很怕生。

　　🍬 陌生人的特点:对陌生成人的害怕多于儿童及脸部特征的影响。

　　🍬 照养者的多少:曾由多人照养的孩子,其怕生的程度比只有一个照养者要轻。

　　🍬 过去的经验:经常接触陌生人并感受到友好,会降低怕生的程度,但若受过陌生人的伤害则会强烈地怕生。

　　🍬 气质特点:属于易退缩的幼儿,常常显得"怕生",见人躲避、不愿意叫人,在陌生的地方显得很不自在。

那么,如何让认生宝宝不那么"怕生"呢?以下策略根据你宝宝的情况而选择。

减轻宝宝"怕生"策略

培养安全感	父母对幼儿的态度、情感要稳定,不要忽冷忽热。照料幼儿、与幼儿接触的时间最好固定,尽可能避免幼儿长时间见不到妈妈,尤其不能以"再这样,我就不要你了""把你赶出去""把你给人家了"之类的语言威吓幼儿。
提前预防	在婴儿还不懂得认生的时候,可以有意识地带他(她)多接触陌生人及陌生环境。例如,让家里其他人帮着给孩子喂奶、换尿布、逗着说话、抱着玩、做简单的游戏;让宝宝不太熟悉的人抱他(她)、逗他(她)等;带宝宝到邻居家、社区活动中心、公园等场所。通过与其他人及新环境的接触,帮助幼儿适应他(她)可能接触到的各种社会环境。对于已经认生的幼儿,应耐心引导加鼓励,在见到陌生人或到没有去过的地方之前,先作好充分的准备,如提前告诉幼儿将要见到谁、要去哪里、要做什么,宝宝该怎样做,对他(她)有什么好处。
使环境显得更熟悉	幼儿在熟悉的环境中对陌生人的害怕比在不熟悉的环境中少些,因此,当幼儿在陌生环境中,家长可以带上宝宝喜欢的玩具、图画等,多花几分钟熟悉环境。当环境熟悉了,幼儿对陌生人的警惕性也会减少。
不要强迫孩子和陌生人交往	在解决幼儿怕生问题时不能一厢情愿地勉强幼儿和谁亲近,这样只会进一步加深幼儿的排外心理。当陌生人到来时,如果幼儿怕生,可以允许他(她)熟悉情况后再逐渐和陌生人接近。如果幼儿不愿意跟陌生人亲近,不要强迫他(她),更不要让他(她)单独与陌生人在一起。此外,在遇见陌生人时,父母可以向陌生人表达热情的问候,或以热情的语调向幼儿介绍陌生人,并且不管幼儿多认生,都以轻松愉快的态度面对陌生人,这样可以帮助幼儿很快消除顾虑。因为父母的这些举动引发了婴幼儿心理上的社会性参照,使他(她)感觉到,如果爸爸妈妈喜欢那个人,他(她)就可能真的不可怕。
逐步扩大交往范围	妈妈可以从幼儿比较熟悉的人开始,让幼儿习惯跟妈妈或者照养者以外的人交往,然后他(她)逐渐接触有少数陌生人在场的环境,在熟悉了后再扩大他(她)的接触范围,让幼儿一点点适应与陌生人交往以及提升适应陌生环境的能力。
尝试投宝宝所好	在接触陌生人的过程中,可以先从幼儿的同龄人入手。另外,年轻女性也是孩子相对乐意接受的人群,因为她们和妈妈有相似之处。当带幼儿到户外玩耍、去亲友家或有朋友来自己的家中做客时,父母可抱着宝宝先与小朋友或漂亮阿姨打招呼、讲几句话,让幼儿逐渐意识到除了家里人外,周围还有许多别的人,他们也都是和蔼可亲的,用不着害怕。然后,逐步让幼儿接触其他的人群,尤其要注意,当幼儿接触到戴帽子、戴眼镜的人时,幼儿可能会有些恐惧,慢慢地、适应了就好了。妈妈可以根据幼儿的这些特点,尽量围绕幼儿的喜好来扩展他(她)的社交圈子。

（续表）

交往的方式要得当	幼儿在和不太熟悉的人交往时,喜欢离对方有一定的距离,不喜欢陌生人触及自己的身体。因此,当你抱着宝宝遇到熟人时,可先自然地与对方打个招呼、谈谈话,等到幼儿与陌生人熟悉之后,才可以让他们摸宝宝、抱宝宝,千万不能很突然地将幼儿交给陌生人抱,以免强化他(她)的戒备和紧张心理,反而让他(她)更为害怕。或者让陌生人拿一个幼儿熟悉的玩具或玩一个熟悉的游戏,非常小心地主动与幼儿开始交往。
找机会发挥幼儿强势	平时多观察幼儿,看他(她)究竟对哪些事物感兴趣,然后根据他(她)的兴趣培养特长,让他(她)有更多的机会表现自己,这样可以增强幼儿的自信心。幼儿的自信心增强了,怯生的心理也就会逐渐减弱。切忌当幼儿面对别人说"这孩子很怕生"。
不要溺爱幼儿	被溺爱的幼儿很多会胆小。例如,宝宝摔倒了,不必过分安抚;宝宝打针哭了,不要显得紧张;宝宝要自己拿水果,就让宝宝自己拿,等等。多数幼儿对成人的态度很敏感,如果父母对幼儿总是很担心、很紧张、很焦虑,幼儿多半就会变得比较胆小、敏感,容易害怕,回避接触外界及陌生人。

减轻"怕生"的亲子游戏

亲子游戏：出去玩

💜 **目标**：通过有意识地与人交往,发展交往能力。

💜 **准备**：在幼儿情绪良好时带到周围有一些人的地方玩。

💜 **玩法**：

1. 妈妈抱着幼儿向人打招呼,鼓励幼儿打招呼,"叫奶奶""叫阿姨"等。

2. 引导幼儿与其他小朋友互动,打招呼、分享玩具、握手等。

3. 小伙伴们分手时,引导幼儿挥手,表示再见。

💜 **分析**：培养幼儿和很多人在一起时具有稳定情绪,体验和其他幼儿相处的积极情绪。

（五）宝宝"习惯不好""没规矩"怎么办

如果宝宝缺乏良好的生活习惯及规则,就会让人感到"习惯不好"或"没规矩",一旦上幼儿园或以后上学被要求遵守规则,就难以适应,出现情绪和行为问题。因此,从婴幼儿期就要从基本生活习惯开始,重视培养良好习惯和适当的规则。

家庭是人生最早接受习惯培养的课堂,家庭中的所有成员都是宝宝形成好习惯的老师。从婴儿呱呱落地开始,在父母为婴儿喂奶、把尿、哄睡觉时,都可以有意无意地培养习惯。通过养成规律的生活习惯可以培养幼儿的自我控制感,培养自主自立的能力。

幼儿年龄越小,神经系统的可塑性越大,各种好习惯越易形成。我们应抓住习惯培养的最佳期,提出适宜幼儿的习惯培养方案,坚决、耐心、持久地实施,做到既不放任自流、也不"三天打鱼、两天晒网",以求获得良好效果。婴儿一出生,即应注意开始训练,制订一个生活日程表,使宝宝从小就依照一定的时间进食、睡眠、活动。为以后的良好生活习惯打下基础。2～3岁时,应强化模仿、学习,以行为主,以理为辅;3岁以后,则行教并重、讲练结合,使幼儿对为什么要这样做的简单道理有初步了解。

1. 培养良好习惯的原则:各种习惯的培养要根据儿童神经、精神发育的程度,适当有所提前。在培养中,尝试的成功与否均应正确对待。尝试成功了,要给予适度地表扬与鼓励,防止产生高傲自大的心理,并提出新的希望和更高的要求;而在失败时要有耐心、不埋怨、不沮丧,帮助幼儿克服困难,激励幼儿再次尝试,直至成功。对幼儿的抵抗性心理(如喜欢说"不"),应采取正面引导,提出的要求应简单明了,但要避免强迫命令。

2. 培养良好习惯的方法:宝宝年幼,不能单靠说教和订几条规定,应采取幼儿易于接受的具体形象的方法,经过反复训练,使其形成条件反射,来达到养成习惯的目的。常用的方法如下。

(1) 结合法:利用看画片、讲故事、教儿歌进行自然渗透教育,如在教儿歌"天天午睡身体好"时,除培养幼儿发音说话外,还可使幼儿懂得午睡的好处。

(2) 示范法:幼儿好模仿,培养习惯时要注意直观示范,让幼儿看到具体的行为标准,成人的言谈举止,应能起到示范作用。

(3) 反复练习法:良好习惯的养成必须有反复练习的机会。为了提高幼儿反复练习的兴趣可采取一些带有竞赛性的游戏。例如,"看谁将玩具收得最整齐""看谁将手洗得最干净"等,对训练孩子摆放物品、自理盥洗会有效果。

(4) 定位法:为了使幼儿养成物归原处、不随便使用别人物品的习惯,可将幼儿常用物品的摆放都做出规定,并严格要求按规定的位置摆放,使对常用物品的位置形成固定的印象。

(5) 督促检查法:幼儿的自觉性、坚持性和自制力都比较差,良好的卫生习惯不是通过一两次的教育就能形成,因而对幼儿平时的督促提醒和检查时必不可少的,这样可使幼儿良好的习惯不断强化,并逐步成为自觉行动。

3. 为孩子制订合理的生活制度：学龄前,尤其是 3 岁前幼儿,机体内部生理节律的调节机制尚未完全形成,还不能自觉地调节自己的行为,容易兴奋难以抑制,常常要玩到"精疲力竭"时才罢休。为此必须根据幼儿的生活特点,从小开始将幼儿的主要生活内容在时间上和顺序上予以科学合理的安排,用制度来进行被动调节,形成饥、饱、醒、睡、活动、休息、进食、排泄的节律及秩序性,持之以恒,养成习惯,有利于激发幼儿积极情绪,进一步保证幼儿身心得到健康发展。

4. 培养良好的饮食习惯：所谓饮食习惯,是指进食时的行为。培养良好的饮食习惯,可以从以下 4 个方面着手。

(1) 定时、定点进餐：从婴儿 2 个月起,就可有意识地向按"顿"吃过渡,也就是根据婴儿的消化能力,约每 3 个小时喂一次。到 1 岁左右时,则过渡到一日三餐加餐间点心。到了 2 岁,则可形成一日三餐加下午点心的进餐模式。定点进餐也是从小开始培养的。给小婴儿哺乳时可用固定的姿势,会坐后可让他(她)坐在童车里,放在固定的地点喂辅助食品。再大一些时,可让幼儿坐在特定的餐椅上,与父母共同进餐。定时、定点进餐习惯的培养,1 岁左右是个关键时期。此时,幼儿刚刚学会走路,对外界充满好奇,吃饭时也到处走。如果此时不注意培养定时、定点的进餐习惯,而是追着幼儿走到哪儿、吃到哪儿,那么幼儿就会不专心吃饭,认为吃饭是父母的事,更无法感受吃饭的乐趣。

(2) 自己动手、专心吃饭：培养自己动手吃饭的习惯,是培养幼儿独立精神的第一步。也可以让幼儿享受到吃饭的乐趣。手抓食物是婴儿自己动手吃饭的第一步。6~7 个月的婴儿已能用手抓取食物,并且放在嘴内吸吮、啃咬。可是,不少父母会认为手脏、担心会弄脏衣服而阻止这种行为。其实,手抓食物是一种很好的训练,可为婴儿将来用匙吃饭做准备,所以父母可让婴儿用手抓面包片、磨牙棒、饼干、水果等,这不但可缓解出牙带来的牙龈刺痛,而且婴儿将被唾液泡软的食物咽下后,会觉得这样做颇有收获,下次还会继续做。当然,这个年龄幼儿的精细动作还不协调,常常将食物弄得到处都是,因此需要父母从旁协助。1 岁左右,可以让幼儿试着自己用匙吃饭。2 岁左右时,幼儿已经能很好地用匙吃饭了。到 3 岁左右时,可以让幼儿拿筷子吃饭。为了增加幼儿自己吃饭的兴趣,应该为幼儿准备适合的碗、匙。

(3) 不偏食、不挑食：防止幼儿偏食、挑食,应该从添加辅助食品开始。幼儿的味觉、嗅觉在 6 个月到 1 岁这一阶段是最灵敏的,如果错过这个时机,则味觉和嗅觉的发育就会受到影响。因此,在添加辅助食品时,要尽可能多地让幼儿接触各种食物和各种味道,而不是局限于某几种食物和某种味道。当幼儿拒绝某种食物时,父母应耐心、细致地寻找幼儿拒绝某种食物的原因,下次再试试或变换花样,调整口味,激发幼儿的食欲。不要用强制性和哄骗的方法让幼儿吃某种食物,这会加深幼儿对这种食物的反感。另外,父母对食物的选择往往会潜移默化地影响幼儿。因此,父母不要当着幼儿的面流露出对某种食物的不喜欢,以免给幼儿先入为主的偏见,使幼儿拒绝某种食物。

(4)礼貌用餐:礼貌用餐看似一件小事,却是表现一个人文明的窗口。礼貌用餐的习惯越早培养越好。当然,不同年龄的幼儿能遵守的用餐礼貌是不同的。对1岁左右的幼儿,可以允许他(她)用手抓着吃,可以允许饭菜洒落,但必须坐在固定的位置;对2岁左右的幼儿,应该要求他(她)吃饭时不能大喊大叫;对3岁左右的幼儿,要告诉他(她)不能霸占自己爱吃的菜,必须用餐具而不能再用手抓着吃,要等待家人到齐了才可以吃饭。

5.睡眠习惯的培养:见前述。

6.大小便习惯的训练:训练时间因人而异,开始训练的前提是婴儿具有一定的控制大小便能力和如厕的兴趣。一般到了2～3岁,大多数幼儿都会自发地模仿家长或同伴的如厕行为。根据幼儿的发育成熟情况,可早在1岁多开始,也可晚到4岁。但过早(1岁以内)被迫训练控制排便的幼儿,将来会出现倒退的行为,如将大便拉在裤子上、尿床等。训练幼儿自己排便的意义,不仅仅为了清洁、告别尿布,还为了建立幼儿心理上的一个里程碑:宝宝能够独立控制自己的一项日常重要任务了,宝宝更有自主感了。

训练的原则是在幼儿愿意接受的时候开始,不可以强迫,不可以威胁,也不可以批评,成功时予以适当的表扬。做到这一点有时很困难,有时幼儿不愿意坐盆,有时刚坐下又站起来,通常是还了解、不习惯这种坐便方式。如果幼儿不愿坐盆,不必硬逼,先从如厕训练开始。要相信,幼儿也力求自觉地控制大小便。

如厕训练前需要培养幼儿上厕所的兴趣,可用游戏的方式开始,鼓励如厕的行为,为避免施加压力或产生冲突。如厕训练不当会影响婴幼儿心理行为发展,甚至未来的人格特点。

可以开始训练的几个指征:能理解上厕所,可用词汇或动作表示要小便、大便,或已经尿裤子了;对大人上厕所感兴趣;模仿别人上厕所;正常情况下,小便的间隔时间比原来延长,可间隔2个多小时才小便;能自己坐便盆或自己穿脱松紧带裤子;能听懂父母对他(她)的要求,并且表示愿意合作。

具体训练步骤如下:①让幼儿自己熟悉便盆。不要解开尿布,让幼儿坐在便盆上熟悉一下,让他(她)对便盆不害怕,有亲热的感觉,坐上去感到没有什么不舒服。②父母如厕时告诉幼儿自己坐马桶的目的,让他(她)对坐便盆有所理解。③预感幼儿要排便时,解去幼儿尿布后让他(她)坐便盆。如果幼儿不愿意,包好尿布,以后再试。④当幼儿终于在便盆内排便时,予以口头鼓励,这时他(她)会知道父母为什么让他(她)这样做。如果训练不成功,可以隔1~2周再试试。总之,不能催促,不能勉强。

7. 个人清洁卫生习惯:着重培养幼儿勤洗澡、勤换内衣,定期剪指(趾)甲,饭前便后洗手,每天睡前洗脚、洗屁股。2岁开始培养睡前及早晨漱口刷牙,睡前勿进饮食,注意口腔卫生;逐渐学习自己洗手,使用流水和肥皂,知道用自己的盥洗用具,使用完毕放在固定的地点。

8. 培养幼儿生活自理的习惯:生活上的自理是幼儿独立性发展的第一步,是保证幼儿日后全面发展的基础之一。较好的生活自理能力会促进幼儿良好个性的发展,生活自理能力发展良好的幼儿会有较强的自信心,也会表现得较愉快、较活泼。在日常生活中能观察到两类孩子:一类是生活自理能发展良好的;一类是处处要人照顾的,包括饮食、穿衣等。前者显得乐观自信;后者则显得被动退缩。

因此,应重视对幼儿生活自理能力的培养。从一点一滴开始,如穿脱衣服、收拾玩具等。在幼儿对学习生活自理技能显得有兴趣的时候,家长便要把握时机,让他(她)们学习做他们能做的事,如进食、穿脱衣服、洗手、洗脸、刷牙、上厕所、穿鞋、收拾玩具等。起初做得不好不要紧,最重要的是肯做。成人还应在各方面为他们创造条件,如衣服的扣子大一点,鞋子不用系带式的,盥洗用具放在固定位置,以保证幼儿自己拿取。初学时如遇到困难或失败时,不妨降低难度,避免幼儿因急躁而失去兴趣。当幼儿有信心克服困难时,要加以鼓励。如果幼儿愿意做事,而成年人不给他(她)们机会,他(她)们就会觉得很扫兴,几次如此,这"想做事"的愿望很快被压制住,他(她)们便会失去想做的兴致。以后家长再想叫孩子做事,他(她)们也提不起兴致来做事了。

幼儿小的时候不明白整理物品,在玩玩具的时候会到处扔、随意丢弃玩具,这种现象比较普遍,家长注意到这个问题时,要和幼儿一起整理这些东西,引导幼儿自己收拾和整理放乱的玩具,不要总是代替或帮助幼儿做这些事情。

幼儿形成良好习惯的过程是漫长的,需要父母和家人共同的言传身教。在幼儿形成良好习惯的过程中,家长不仅要用幼儿可以理解的语言督促、指导,使幼儿快而有效地达到目标,还要重视无声的身教影响。如果只是强迫幼儿该如何去做,而成人却反其道而行之,那效果一定不会令人满意。因此,希望年轻的父母们注意,可爱的宝宝就像一张纯洁的白纸,可以画最美最好的图画。但是,也很容易画成一幅杂乱无章的图画。宝宝很容易受父母的不良行为习惯的影响,因为父母是宝宝人生的第一任老师,如果父母有什么不良行为习惯,不知不觉就会影响孩子。所以,为了孩子的未来成功,父母首先有必要约束一下自己的行为习惯,这样才能更好地培养宝宝良好的习惯。

培养习惯的亲子游戏

亲子游戏 1：娃娃盖被子(1岁以上)

♥ **目标：**模仿成人行为,锻炼自我服务能力。

♥ **准备：**玩具娃娃、小毛巾。

♥ **玩法：**

1. 出示玩具娃娃,妈妈演示给幼儿如何把娃娃放在床上,给娃娃盖被子,轻轻拍娃娃,哄娃娃睡觉。

2. 鼓励幼儿模仿成人动作,并允许幼儿以自己的方式照顾娃娃。

♥ **分析：**幼儿在模仿中锻炼自我服务能力,体验操作活动的乐趣。

亲子游戏 2：我会拿勺子(1岁以上)

♥ **目标：**鼓励幼儿自己拿勺子,满足幼儿的探索需求。

♥ **准备：**幼儿使用的碗、勺子,切好的水果块。

♥ **玩法：**

1. 家长鼓励并帮助幼儿自己拿勺子吃东西。

2. 锻炼幼儿使用勺子的目的性,"先吃香蕉""再吃苹果"等。

♥ **分析：**在使用勺子的过程中,幼儿体验了独立吃饭的乐趣,加强了灵活使用勺子的能力,同时促进手的精细动作的发展。

亲子游戏 3：送玩具回家(2岁以上)

♥ **目标：**培养收放玩具的好习惯,愿意整理玩具。

♥ **准备：**幼儿的各种玩具散放四周;玩具手推车;小熊宝宝绘本《收起来》。

♥ **玩法：**

1. 家长给幼儿读小熊宝宝绘本《收起来》,告诉幼儿:"小熊宝宝玩好玩具后,准备走了,玩具哭了,小熊宝宝看到玩具哭了,然后乖乖地把玩具一个一个送回家,玩具们满意地笑了。所以你玩好玩具,是不是也应该把他们都送回家呢?"

2. 家长引导幼儿推着自己的手推车,接他(她)的玩具回到玩具各自的家中。

❤ **分析**：在整理玩具的过程中，既培养了手眼的协调性，又养成了将玩具放回原处的良好习惯。

亲子游戏4：自己叠衣服（2岁以上）

❤ **目标**：学习如何叠衣服，培养生活自理能力。

❤ **准备**：洗好的幼儿衣服。

❤ **玩法**：

1. 家长给幼儿示范叠衣服、裤子和袜子的方法。妈妈和幼儿一起进行叠衣服比赛。

2. 家长引导幼儿将衣服、裤子和袜子分类，并放到衣柜里。

❤ **分析**：在操作活动中幼儿手的灵活性得到了发展，促进幼儿积极思考，锻炼了生活自理能力。

（六）如何对待孩子的"破坏"行为

2~3岁幼儿中有些是爱闯祸的皮大王，常使父母头痛。这些幼儿，家里什么东西都要拆开来，但事后又装不起来；书要撕，新买来的玩具一会儿就被弄坏了；宝宝的小脑袋总在思索："还有什么东西我可以玩？"

幼儿的"破坏性"行为有多种多样，虽然结果都是东西被毁坏，但动机并不一样，有的是无意性毁坏，有的则是故意破坏。幼儿的每一次"破坏"都可能有不同的原因，不能不分青红皂白地斥责，家长要冷静处理，先要了解幼儿"破坏"的动机是什么，然后根据不同原因采取不同的解决方法。

1. 好奇驱使：好奇心促使幼儿学习探索，所以幼儿"破坏"的背后很可能藏着一颗渴望探索的心。例如，电动小飞机为什么一按遥控器就会一圈一圈地飞，于是在探索过程中表现出喜欢拆卸东西，但由于能力有限，拆后往往不能重新装上，被视为"破坏"。又如，把纸巾放到乌龟缸里去，不是故意要破坏纸巾，而是想探索一下乌龟缸的"秘密"；给插座上的"孔孔"喝牛奶，让它们增加营养，探索一下这些孔是不是也是用来吃东西的。

对于因好奇而导致的"破坏性"行为，家长要明白这是幼儿学习探索的一种表现，幼儿不是故意去破坏一个东西，而是因为他（她）对这个东西感兴趣，想看看究竟是怎么回事，而且他（她）也意识不到行为与后果之间的必然联系。我们常常以成人的行为规律和自律性来束缚幼儿的手脚，不假思索地对幼儿加以责难，而不自觉地将幼儿的创造性思维扼杀在最初萌芽的阶段。

家长要对幼儿要有宽容的心态,不要太计较一时的物质损失,即使幼儿出于好奇而拆了家中生活用品也不应指责,因为破坏的过程就是个学习的过程,能够促进他(她)们思维的发展。家长应首先肯定幼儿的这种探索精神,满足他(她)们的好奇心和求知欲。然后,因势利导引导他(她)们应该怎样做,给幼儿予以必要的讲解,指导并教会幼儿如何将拆卸的东西安装起来。这样才能让幼儿在破坏、探究、重建的过程中获得心理的满足。例如,飞机被幼儿拆了不能飞,家长可以拿来说明书和幼儿一起把小飞机重新装好,边装还可以边给幼儿解释每个零件的用途,这样既满足了幼儿拆玩具的好奇心,又让幼儿看到飞机是如何重新飞起来的。家长还可以有计划、有意识地创造让幼儿多动手的机会,并将一些没用的东西给幼儿拆卸。买玩具时购买适龄的可拆装玩具,满足幼儿的好奇心,这不仅有利于幼儿的智能发展,也会降低"破坏"行为的发生。

2. 缺乏经验、认知有限、失误所致:随着幼儿独立性增强,希望自己独立做事,什么都想试试,想探究外在世界,想学习成人的动作行为,但往往事与愿违。例如,1岁多的幼儿要自己拿杯子,但动作发展还不很协调,难免摔坏东西;活泼好动的幼儿,注意力不集中,经常无意间损坏物品;想学习大人干活,帮妈妈洗衣服,却搞得浴室汪洋一片;机械地模仿成人行为,看见妈妈化妆,趁大人不在时,也将自己化成个大花脸;知识所限,对于一些电器不知道如何使用而误操作。

这样的意外事故经常在幼儿身上发生,因为他们非常容易高估自己的能力。幼儿在要求独立做某件事时,家长可以首先判断一下他(她)能在多大程度上完成这件事,他(她)可能会遇到什么问题。然后,在没有危险的前提下,放手让幼儿自己去做,同时做好各种准备,避免问题的出现或及时给予提醒、示范。在失误发生以后,也千万不能打击幼儿,不能说"让你不要做,搞得一塌糊涂,越帮越忙"或者"哎呀,你不会做的,不要做",这种话会让幼儿感到沮丧。

爱模仿也是幼儿典型的心理特征。幼儿把大人当作行动的榜样,大人怎样做,他(她)机械地跟着学,由此产生不良后果。对于盲目模仿的幼儿,家长要告诉幼儿哪些事可以学大人的样子做(如刷牙、洗脸、摆碗筷、洗手帕等),哪些事不能模仿,为何这些模仿行为会带来破坏。也要避免在幼儿面前做一些不想让他(她)模仿的行为(尤其是有伤害可能的操作),避免模仿行为。对于幼儿好的模仿行为应当支持,并给予表扬和奖励,使之强化;对于不良模仿行为,父母应当制止。

3. 冲动、发泄:幼儿常常用一些自己的方式来表达情绪,如破坏性行为。他(她)们的情绪控制能力较差,不知道这样会给别人带来什么不好,但在他(她)们生气或者遭受失败的时候,这个行为会使他(她)们感觉好一点。比如,遇到挫折、遭到拒绝、失望、心情不愉快时就摔东西发泄愤怒；受到家长指责后不服气，为了报复将家里的东西毁坏。有时，幼儿的这种发泄行为是从成人那里学来的。

对于发泄，家长平时就要注意以身作则，自己不拿幼儿或东西做出气筒，不能以暴制暴，鼓励幼儿说出自己的感受，教幼儿用适当的方法克制或发泄自己的怒气，如深呼吸、听音乐、体育运动、离开令孩子恼火的地方等。

4. 吸引别人注意：对于幼儿来说，对他（她）的关注非常重要。如果他（她）得不到足够的重视，就会采取反抗措施。所以，当幼儿感到寂寞或是受到冷落时，会以摔东西或破坏东西来吸引别人对自己的关注。这时候，哪怕是承受责骂，也要引起别人对自己的注意，获得受关注的心理满足。

对于幼儿以摔东西或破坏东西来吸引别人注意时，家长应明确表明不喜欢这种破坏行为，让他（她）们明白搞破坏是不对的，在他（她）们平静之后，必须乖乖地去把自己破坏的东西收拾好。必要时采取剥夺性惩罚，但同时及时鼓励幼儿好的行为。

当家长看到幼儿无缘无故地出现破坏性行为，不妨反思一下，自己是不是在幼儿最需要的时候给了他（她）足够的关注。

5. 不知爱惜物品：这样的幼儿都是从小受溺爱，家长只知道不停地给幼儿买玩具，却忽视培养幼儿爱护东西的好习惯，幼儿玩具太多，根本不在乎玩具坏了、丢了，从不爱惜玩具发展到不爱惜其他物品。对于不知爱惜物品的，应从小注意培养幼儿好习惯，限制玩具数量，惩罚故意破坏行为；还可以根据具体情景编故事或用拟人的方法，引导幼儿逐渐养成爱护玩具和物品的好习惯；对于无意的失误，家长应将易损坏的物品放到幼儿够不到的地方，并且经常提醒幼儿不要碰坏东西，告诉幼儿有关知识，当幼儿表现有进步时，家长要不失时机地鼓励幼儿继续努力，增强幼儿的自信心，让幼儿知道自己这样做是对的。

6. 其他策略：可以运用以下策略帮助幼儿减少破坏性行为。

◇ 明确、直接地与幼儿沟通，告诉他们什么是所希望的行为，如说"睡觉时间到了，你该整理玩具了"而不问"你是否愿意整理玩具了"。当幼儿乱扔玩具后，对他（她）说"请将玩具捡起来放在玩具盒里"，而非"你是否该将玩具捡起来"。让幼儿对具体的活动做现实性选择，如问："你是要先清理积木还是拼图？"

◇ 增加主动性参与：做不同形式的活动计划，做有挑战性活动的计划；将幼儿的爱好整合到学习中或小组活动中，给有特殊需求的幼儿提供调整和适应的机会。

◇ "捕捉"幼儿好的行为，对幼儿的恰当行为给予更多的关注，如评价、描述、微笑。对好行为的关注应该是对挑衅性行为关注的 4 倍。

管理"破坏行为"的亲子游戏

亲子游戏1：小小修理工(2岁以上)

❤ **目标：**促进幼儿的学习探索能力,满足幼儿的好奇心。

❤ **准备：**废旧的闹钟或各种适龄拆装玩具。

❤ **玩法：**

1. 和幼儿一起把闹钟拆开,告诉幼儿每个零件的功用和闹钟的工作原理。

2. 再和幼儿一起把闹钟重新装起来。

❤ **分析：**通过拆装闹钟满足幼儿"破坏"物品的探索精神。

亲子游戏2：小小搬运工(3岁以上)

❤ **目标：**培养幼儿爱护物品的好习惯。

❤ **准备：**书若干本。

❤ **玩法：**

1. 妈妈和幼儿比赛搬书,从房间的一边搬到房间的另一边,比比看,谁搬得快,而且不发出声音。

2. 讨论为什么妈妈搬书的时候不会发出声音,引导孩子思考搬东西要轻轻地搬、轻轻地放。

❤ **分析：**游戏中学习对物品轻拿轻放,逐渐养成爱护物品的好习惯。

亲子游戏3：没穿衣服的蜡笔宝宝(3岁以上)

❤ **目标：**培养幼儿爱护文具的好习惯。

❤ **准备：**一盒被撕掉包纸的蜡笔,玻璃胶。

❤ **玩法：**

1. 家长给幼儿讲故事"没穿衣服的蜡笔宝宝"：有一天,妈妈买回来一盒蜡笔,宝宝很喜欢,蜡笔五颜六色,每一支蜡笔外面都包着漂亮的包纸。可是宝宝却把蜡笔外面的包纸撕掉了。蜡笔宝宝们很伤心,因为他们漂亮的衣服没有了。讲完故事后,家长拿出一盒被幼儿撕掉包纸的蜡笔,对幼儿说："宝宝,这就是被你撕掉漂亮包纸的蜡笔宝宝们。"看看幼儿的反应,再对幼儿说："让我们一起帮帮它们吧。"

2. 家长和幼儿一起用玻璃胶尽可能把包纸在蜡笔外面粘好,然后告诉幼儿,蜡笔是用来画画的,不能把外面的包纸撕掉。

♥ **分析**:通过故事告诉幼儿如何爱护文具,改掉随意乱撕的坏习惯。

(七) 如何对待幼儿的攻击行为

攻击行为是幼儿期的孩子经常出现的一种问题行为,它对攻击者或者被攻击者的身心健康发展都有着许多不良的影响。幼儿用拳头打人、拉头发、掐、咬、推、踢人等伤害别人躯体的动作是攻击的表现,骂人、抢别人东西、虐待动物也属于攻击行为,躯体攻击在幼儿更为常见。幼儿的攻击行为不仅仅会影响到他们道德行为的发展,而且如果任其攻击行为不断升级,并延续到青少年时期,容易发展成为品行障碍和攻击性人格,并造成其今后人际关系紧张和社会交往困难,有的甚至还可能会转化为犯罪行为。幼儿产生攻击行为的原因和形式是多种多样的,家长应深入了解幼儿攻击行为背后的原因,教幼儿如何处理自己的情绪和行为。幼儿攻击的原因可以有以下几种情况。

1. 与不安或受挫折后的愤怒:得不到想要的东西或不能做要做的事情,又不能清楚地表达出来,这种感觉就会转化为对人对物的攻击行为,但并不是故意要伤害谁。幼儿通过攻击行为来宣泄内心冲突或紧张,虽然一定程度上可以避免不满情绪在幼儿心中过多地积聚,从而避免更为严重的心理疾病,对他(她)的心理健康起到一定的保护作用,但攻击这种方式并不是最好的宣泄不满情绪的方式。应对措施如下。

(1) 家长应该教给幼儿调控情绪的策略。例如,不安的时候拿玩具或其他安慰物使自己平静下来,愿望得不到满足时找个替代物品,会讲话后学习用语言表达愿望和愤怒情绪的词汇。

(2) 平时也可以努力创造各种机会,让幼儿宣泄其内心的紧张情绪,如经常带幼儿参加一些户外活动、艺术活动等。

(3) 当成人发现幼儿不高兴时,要及时主动地询问情况,不要置之不理,建议幼儿去看看动画片或玩玩喜欢的游戏等。运用转移注意力、开展运动及绘画游戏等方式来疏导、缓解幼儿的消极情绪,帮助幼儿学会控制和调控情绪。

(4) 对幼儿的期望要合理,不宜过高,因为过高的期望只会增加幼儿的挫折感,增加其攻击性行为,要尽量减少对幼儿不适当的限制和控制,以减少他(她)们的挫折感,进而减少其内心压力,减少攻击行为的产生。

2. 表达行为不恰当:宝宝高兴、兴奋的时候常敲打或拉妈妈头发,这与他(她)们还不会恰当的表达方式有关,不知道这样的行为会给别人带来痛苦。应对措施如下。

（1）要教幼儿学习表达喜悦的方法。在宝宝敲打或拉妈妈头发表达高兴、兴奋的时候，你可以模仿他（她）的表情，但是用拍手或拥抱等正确的方式去回应他（她）。宝宝就逐渐会明白，原来高兴的时候是要拍拍手或和大人拥抱。

（2）有些2～3岁的幼儿把打成人作为好玩，打了人后还觉得很开心，而被打的成人也不以为然，有的成人反而逗逗他（她）说："真有意思，来，再打一下。"时间一长，幼儿认为打人很好玩。当幼儿打成人觉得好玩的时候，成人应严肃对待，不予理睬，时间一长，他（她）就会觉得打人没意思了。

3. 与强化有关：攻击出现后达到了目的而且未受到惩罚，如将小朋友推倒后抢到想要的玩具，没有受到对方的反抗和大人的惩罚，这就强化了幼儿的攻击意识，以为攻击是解决问题的有效方法。

应对措施：应坚决地及时制止并让他（她）感受、理解和体验别人的需求和情绪，最好在攻击出现之前就能发现迹象予以制止。例如，当幼儿打了别人，人家疼，就让他（她）体验到疼的滋味。当然，不能打他（她）、让他（她）通过挨打来体验，但是可以让他（她）通过回忆摔倒的疼痛等来体验别人的不舒服。再如，玩玩具，要教给他（她）一些知识和方法，别人在玩的时候，你如果想玩，应和别人商量："咱们轮流玩吧，你玩一会儿给我，我玩一会儿再给你"。

4. 吸引别人对自己的关注和注意：当幼儿以攻击来吸引注意时，之前很可能是大人们忽视了幼儿发出的非攻击性信号，惹怒了他（她），而当幼儿出现了攻击行为才被注意并得到关照，于是强化了幼儿的攻击行为。

应对措施：家长应及时关注幼儿恰当言行的表达并做出回应及鼓励。

5. 任性、被溺爱：家长对幼儿过多的关注及各种要求的满足，造成了幼儿骄横、任性、自私的性格，事事唯我独尊，不懂得分享，喜欢独占、独霸。当与同伴争抢玩具、发生纠纷时，总责怪别人，不会用恰当的方式表达自己的意见，而选择攻击行为来解决问题，此时如果被欺负者退缩，则更助长了他（她）的攻击行为。有的家长对幼儿的攻击行为不仅不制止，还听之任之、错误引导，教幼儿以牙还牙、不能吃亏。对于因被溺爱、任性造成的攻击行为，家长的态度最重要。应对措施如下。

（1）家长平时不要把注意力过于集中在幼儿身上，溺爱只会强化幼儿的自我意识。

（2）对于幼儿的要求也应当保持理智，合理的要求要及时满足，不合理的要求坚决拒绝，不要为了赢得幼儿的欢心而提供过于丰富的物质。

（3）平时可以鼓励幼儿自己动手去实现某些需要和愿望，并要教他们正确看待问题，勇于承担责任，不要替幼儿承担一切错误。比如，幼儿摔跤了，家长不能教幼儿怪地板、怪石头，而应该告诉幼儿："勇敢地站起来"。

（4）家庭中也要保持一致的教育态度，不能父母批评，而爷爷奶奶却庇护。

6. 模仿而来：有时幼儿攻击行为是由于模仿而获得的，他（她）们从影视片、动画片、文学作品、同伴、成人中看到或听到了攻击性行为的榜样。例如，家长体罚幼儿，同伴喜欢称"老大"、争"霸王"，还有的影视片、动画片打来打去，幼儿觉得好玩，无形中就学习了一些不好的榜样。看多了，幼儿就会模仿，会觉得解决问题最好的办法就是攻击。减少幼儿攻击行为的关键是减少攻击行为的信息源。应对措施如下。

（1）应尽可能地不让幼儿看带有暴力情节的影视片或动画片，也不要给幼儿讲带有暴力性质的故事。

（2）不要对幼儿进行体罚，因为体罚不仅会伤及幼儿的身心，而且它本身也起到不良的示范作用，同时还会增加幼儿的心理挫折感。

（3）多为幼儿提供"协商"解决冲突的榜样，可以让幼儿看一些好的人物事迹、礼仪教育类的书籍和影视作品，通过潜移默化地学习，成为幼儿的榜样，形成良好的行为规范。

（4）要为幼儿提供良好的家庭氛围及环境，如果家庭成员中，父母以礼待人、孝敬长辈，那么幼儿就会模仿父母的行为。

（5）平时要给幼儿提供一个充足的游戏空间和丰富的玩具，避免因偶然的身体碰撞或争抢玩具而导致的攻击性冲突。

（6）当幼儿表现出攻击行为时，应对其进行及时适当的批评教育，还可以通过讲故事、情境表演、游戏等形式给幼儿呈现一个有攻击性行为的儿童形象，与幼儿讨论这一儿童的表现及其危害，使其意识到这样的儿童是不受欢迎的。

7. 与先天性因素有关：基因特质、脑发育状况、神经递质等神经生理因素均决定了先天的攻击性强弱，先天因素导致的攻击性过强具有病理机制，这类人从小就可能表现出情绪唤醒度较高或是冷漠无情特质。

随着幼儿的沟通能力、自我调控能力的增强，一般的外在攻击性会降低。但是，病理性的攻击行为需要采用精神医学或医学心理学的方法治疗。

降低攻击行为的亲子游戏

亲子游戏1：合作搭高楼（3岁以上）

💛 **目标：** 体验合作的成功和快乐，增强合作意识。

准备：正方形积木若干、《蚂蚁和西瓜》的绘本故事。

玩法：

1. 家长和幼儿轮流将正方形积木逐个往上叠，直到积木塔倒下。

2. 讨论怎样才能使积木塔得更高。

3. 家长引入《蚂蚁和西瓜》的绘本故事，告诉幼儿只有蚂蚁之间齐心协力，才能把西瓜搬回家。

4. 重新搭积木塔，让幼儿体会到每个人只有把自己的方木块放稳，塔才能更高。

分析：让幼儿体会到只有团结合作才能把塔搭得更高、更稳，明白合作的重要性。

亲子游戏2：分水果（2岁以上）

目标：学习照顾他人，体验分享的快乐情绪。

准备：各种零食和各种玩具。

玩法：

1. 邀请小朋友来家里玩，家长引导幼儿将零食分给其他小朋友。家长提出要求或引导幼儿提问："你想吃什么""我要吃什么"。

2. 家长引导幼儿和其他小朋友分享玩具，鼓励幼儿为其他小朋友演示玩具的玩法。

3. 家长要及时鼓励表扬幼儿的行为。告诉幼儿有好东西要和别人分享。

分析：幼儿在操作、鼓励的过程中体验了被肯定和分享的积极情绪。

亲子游戏3：小脚踩大脚（3岁以上）

目标：促进交往能力，体验合作的快乐。

准备：两组以上家庭。

玩法：

1. 幼儿和家长面对面站立，幼儿的双脚踩在家长的双脚背上，双手相拉，组成"企鹅"。

2. 比赛开始后，从起点出发，幼儿的双脚始终不能离开家长的脚背，全靠家长的跳跃移动，先到达终点的家庭为胜。

分析：让幼儿体会到只有和自己的家长相互合作，才能走得更快。

（八）孩子经常发脾气怎么办

2岁以前的幼儿显得很顺从，但随着对自主性的追求，2～3岁时他（她）们就不那么顺从了,经常说"不",反抗家长,这是与自主性发展有关的现象。与此同时,发脾气也有所增加,他(她)们摔东西、躺在地上打滚、手舞足蹈、大哭大叫,甚至用双手击打自己的胸部。经常发脾气的幼儿令家长烦恼,但幼儿发脾气是有一定原因的。

◇ 处在第一个反抗期,自己有主意而父母不同意,自己又缺乏适当的语言来表达。

◇ 不会控制自己的情绪。

◇ 个性偏急,平时争强好胜。

◇ 内心有很大的委屈或压力,无能力调控,用发脾气的方式进行发泄。

◇ 感到孤独、被忽视,通过发脾气以吸引别人的关心和关注。

◇ 通过发脾气,对家庭成员造成威胁而达到一定的目的(如购买玩具、要吃某种食物)。

◇ 学习掌握一项技能时,遇到失败的挫折。

有的家长认为宝宝小、不懂事,长大后发脾气现象自然会纠正,其实不论是好行为或者是坏行为,只要这种行为发生后还受到人们的赞扬和奖励,这种行为将来很容易再次出现,所以家长要及早正确地对待幼儿的发脾气。

幼儿发脾气时,家长可以采用以下几种方法。

◇ 找出幼儿爱发脾气的原因,听取幼儿的意见,在未弄清原因之前不迁就。

◇ 转移注意力。当幼儿开始发脾气时父母就进行转移注意力的工作,将发脾气化解在萌芽状态。对于正在发脾气的幼儿,家长也不能强行制止,而应先转移目标,如他(她)哭时擦眼泪,可以说:"灰尘怎么到眼睛里了?"

◇ 对于不合理的要求可以采取中性态度或不予理睬、冷处理。例如,父母可以毫无表情地对着他(她)看,或皱着眉头、摇摇头,以这种方式表示不赞同;或走到另一间房间或室外,让幼儿感到发脾气时没有人看、没人听,毫无收获,脾气就会逐渐消失。与直接阻止幼儿发脾气的方法相比,这两种方法可以给幼儿一个体面的台阶下。

◇ 暂停(暂时隔离):可以让幼儿冷静下来,并学会控制情绪;可以给幼儿时间反思自己的违规言行,至少使他(她)知道自己做错了;能让幼儿学习遵守规矩。暂停适用年龄为2～12岁;时间为1岁1分钟,如果幼儿4岁,可暂停4分钟,严重违规时,时间可以增加;选择一个安全、安静、简单而无趣的环境,不一定是单独的房间,不宜选择卫生间作暂停场所;暂停期间幼儿只能坐在凳子上,不能走动,不能出声、不能讲话,脚不能乱踢,不能玩玩具。如果幼儿发脾气、大哭大闹,那么等他(她)安静后再计时。把闹钟拨好,放在幼儿看得见的地方。父母要言出必行,不能让幼儿讨价还价。但是,每次暂停就是针对刚才发生的事件,暂停结束后父母可以亲亲孩子、抱抱孩子,让幼儿继续玩游戏,表示父母对幼儿还是关爱的,但对不良行为是不允许的。

◇ 教幼儿平息愤怒的口诀,学会控制情绪,减少发脾气(4岁以上):第一步,停一停,不要急。当你生气想发脾气的时候,立即跟自己说"停一停"并做停止信号"T",让自己停下来,不要急于去做反应。第二步,深呼吸,要冷静。采用深呼吸,放松操,让自己冷静下来。每一次深呼吸,都将愤怒的气使劲呼出去,直到自己的愤怒平息一些。第三步,想一想,好办法。学会正确的宣泄方式,生气、想要发脾气的时候做做运动,如玩球、蹦蹦跳跳、捏皮球、捏橡皮泥、骑三轮车等,听喜欢的音乐、唱歌等就可以让心情变得开心起来。

对于平时容易发脾气的幼儿,家长要培养他(她)多方面的兴趣,可以组织或参加幼儿的集体活动,多与他(她)交流,教会他(她)用语言表达自己的情绪。3岁以上的幼儿已会表达自己对一件事情的看法,家长也要给幼儿提供充分表达内心想法的机会。例如,幼儿和家长讲述某件趣事时,而家长却忙于家务,那么这个时候,家长不妨暂时放下手中的家务,以专注的神情倾听他(她)的话语,以欣赏的态度理解他(她)的话语,并饶有兴趣地和幼儿聊一聊,说一说,那这对幼儿将会是莫大的支持和鼓励。家庭气氛也要融洽,若父母经常发生口角,则幼儿情绪不稳定。平时批评幼儿时要注意方式,要就事论事。例如,可以告诉幼儿:"妈妈不喜欢你摔东西""爸爸不喜欢你在地上打滚",而不要说:"妈妈不喜欢你,你是个坏孩子"。当幼儿克制发脾气行为时应予以鼓励,让他(她)知道怎样的行为受到父母的赞同、怎样的行为是父母不能接受的。

通过家长的耐心引导,鼓励幼儿独立性和能力的发展,减少限制,幼儿便会顺利渡过这个时期,逐渐发展积极的个性品质,若家长处理不当,幼儿的非理性自主要求就会发展为任性的消极品质。幼儿经常发脾气,暗示着家庭和幼儿均可能存在着问题,需要干预。

管理发脾气亲子游戏

亲子游戏1：我不生气了(2岁以上)

目标：知道生气是正常的情绪反应,学会用恰当的方式排解负面情绪。

准备：幼儿的玩具、《妈妈,我真的很生气》绘本。

玩法：

1. 妈妈把玩具扔地上,说:"我生气了,玩具一点都不好玩!"然后,爸爸也把玩具扔地上,说:"我生气了,玩具一点都不好玩!"

2. 幼儿会出于好奇而模仿爸爸妈妈生气的样子,也把玩具扔地上。这时爸爸、妈妈一起给幼儿做个鬼脸,告诉幼儿:"我不生气了"。然后,引导幼儿也这么做,通过做鬼脸的方式来排解他(她)生气的情绪。

3.引入《妈妈,我真的很生气》绘本,告诉幼儿:"乔希生气时,他会扔玩具、破坏玩具,甚至打他的小弟弟。但乔希应该学会更好的方式来表达他愤怒的情绪。通过一张笑脸图,乔希开始用语言表达他的情绪,与他人相处融洽,他的脸上也出现了更多的笑容。"

💗 **分析:**帮助幼儿用正确的方式来排解自己的不良情绪。

亲子游戏 2:生气的食品袋(4 岁以上)

💗 **目标:**知道生气会伤害自己和别人,学会用恰当的方式缓解怒气。

💗 **准备:**幼儿有过生气的体验;两个食品袋。

💗 **玩法:**

1.家长将食品袋里充满空气,用绳子绑好。告诉幼儿食品袋是他(她)的身体,而食品袋里的空气是愤怒。提问:"愤怒在食品袋里可以自由进出吗? 我们怎么才能让食品袋里的空气出来?"

2.引发幼儿思考:可以踩破,也可以松开绳子放出空气。

3.方法选择一:踩破食品袋。

(1)家长让幼儿在食品袋上踩,直到踩破。

(2)提问:食品袋踩破了,愤怒跑出来了,但食品袋踩破的声音是不是会使别人害怕呢?

4.方法选择二:松开绳子。

(1)家长让幼儿拿起另一个食品袋,把绑好的绳子松开,空气慢慢释放出来。

(2)提问:愤怒出来了吗? 食品袋有没有爆破? 别人有没有害怕?

5.讨论:食品袋爆破了会伤害自己和别人,所以在我们生气的时候,可以想象自己变成装满空气的食品袋,松开绳子,深呼气,慢慢地将愤怒呼出去,这样自己就不会生气了,别人也不会受到伤害。

💗 **分析:**通过亲身体验,找到恰当方式宣泄不良情绪,学会正确的情绪调节方法。

(九) 如何消除孩子的害怕恐惧

幼儿对某些东西产生一定程度的害怕很正常,这是幼儿心理发展过程中常见的现象。如对突然传来的巨响、陌生的事物和人、母亲离开身边等产生害怕情绪。尤其在夜晚,他(她)们害怕自己一个人睡,会想床下有没有什么妖怪,因此会在睡觉前撒娇,要父母陪伴。但是,父母大多不了解幼儿的这个特点,在幼儿"不听话"时,往往会吓唬他(她):"别闹了,不然妖怪就把你带走了""别哭了,不然妈妈不要你了"。这样做,当时可能效果很好,至少幼儿不哭不闹了,但这样恐吓的后果是幼儿经常被恐惧感占据心灵,他(她)们就可能长期感到焦虑和不安全。如果不断发展下去,还可能会引起口吃、遗尿、失眠等问题,影响幼儿心理的正常发展。有的幼儿长大后则会表现出胆小怕事、懦弱无能、缺乏独立性。

一般而言,不同年龄阶段有不同的恐惧对象,0~2岁害怕很响的声音,和照养者分离、陌生人和巨大的物体;3~6岁害怕黑暗、雷鸣闪电、动物、独自入睡、想象中的事物;尤其在3岁左右是小儿恐惧心理的第一个高峰年龄。

当幼儿感到害怕的时候,家长应积极地帮助他(她)减轻或消除恐惧感。

1. 承认他(她)的恐惧感:幼儿害怕的东西在家长看起来可能很傻,也没有道理,但对他(她)来说,却非常真实、严重。在幼儿告诉家长他(她)害怕的东西时,如床底下的妖怪、黑暗的屋子,家长切勿责备或嘲笑他(她),如骂他(她)是胆小鬼,或者吓唬他(她)不许哭。不要强迫幼儿否认或隐藏自己的恐惧感。例如,幼儿怕小狗,家长不要说:"小狗不会咬你的,没什么好怕的。"相反,家长不妨告诉他(她):"我知道你害怕小狗。我们一起从它旁边走过去,小狗走过来,妈妈就把你抱起来。"

2. 建立信心:幼儿的恐惧经常是由于对自己没有克服恐惧的信心。例如,幼儿经常在夜晚怕独自进家里的房间,就要先向他(她)解释家里的房间是安全的,然后说:"你是个勇敢的孩子,妈妈在门口看着你。"一旦幼儿进去了,则进一步以赞赏的口气表扬他(她)。

3. 以积极的情绪战胜恐惧:把一些引起恐惧的刺激与愉快的活动同时并存,最后以愉快活动所产生的积极情绪克服恐惧情绪。例如,打雷的时候陪幼儿玩令他(她)高兴的游戏,讲令幼儿愉快的故事,激发幼儿愉快的情绪,减轻对雷声的惧怕。

4. 循序渐进克服恐惧:又称系统脱敏法。如果幼儿一见猫就怕,家长千万不要迫使他(她)靠近猫,从他(她)害怕程度最轻的一级开始,可以分级列出猫的形象,如图画中的猫、长毛绒玩具猫,观察关在笼子里的猫,然后逐步靠近真的猫,但要告诉幼儿怎样做可避免猫的伤害行为。

5. 树立榜样:一方面家长不要在幼儿面前表现出紧张、恐惧,别让幼儿知道你害怕。如果幼儿看到你因为害怕老鼠而大声尖叫,或者去看医生的时候畏畏缩缩,那他(她)很可能也会害怕这些事情。所以,要尽量先克服你自己的恐惧,在幼儿面前表现出镇静。另一方面可以通过示范作用来帮助幼儿消除恐惧。例如,家长示范如何克服恐惧,或者给幼儿讲一些英雄鼓起勇气克服恐惧的故事,或者给幼儿树立一个勇敢儿童的榜样,这个勇敢的儿童应该是幼儿喜欢或是信任的,这些都能培养幼儿的勇敢精神。

幼儿想象丰富,有时害怕想象中的怪物,如果跟他(她)说那怪物不存在,幼儿难以接受,那么就可以用想象的方式建立榜样,比如,幼儿害怕床底下的妖怪,你可以给他(她)讲一个男孩和一些有趣而和善的妖怪成了朋友的故事。如果家长总是在幼儿面前大惊小怪,紧张畏缩,那么也可能使幼儿难以鼓起勇气面对恐惧。

6. 说明情由:以幼儿可以听懂的方式向他(她)讲明事情的真相,教幼儿正确认识各种自然和生活现象,告诉幼儿他(她)所恐惧的事物究竟是什么。当令人毛骨悚然的怪物被家长一语点破,幼儿的恐惧感也许就会自然消失。例如,有的幼儿看见闪电、听见雷声就十分害怕,就可以向他(她)说明电闪雷鸣是怎样形成的,距离我们真正有多远,我们该怎么做来避免闪电的伤害等,这样就会帮助他们减轻对雷电的害怕。

7. 利用幼儿喜欢的东西减轻恐惧:有些幼儿会从那些玩旧了的玩具或一直盖的小毯子中获得很大的安慰。这些东西能给一个焦虑的幼儿持续的安全感,特别是在过渡时期,比如家长把他(她)送到幼儿园或晚上让他(她)睡觉的时候。这些喜欢的东西还可以让幼儿更有勇气去做那些可能会让他们觉得可怕的事,比如见陌生人、去幼儿园或看医生,所以要允许宝宝粘着他(她)的特殊玩具或毯子。不要让他(她)觉得粘着这些东西"小孩子气",或者坚持让他(她)把这些东西留在家里。等孩子到 4 岁时,可能就不会再拿着他(她)脏兮兮的玩具到处走了。到时候,他(她)将学会其他克服恐惧的方法。

8. 避免不必要的恐吓:尽管儿童对某些事物存在恐惧感是正常现象,幼儿的很多恐惧与受惊吓、恐吓有关,所以尽量避免在幼儿毫无准备的情况下受到惊吓和恐吓,避免让幼儿面对不适合其年龄的恐惧情境。例如,不要用"不听话就关黑屋""让大黑猫把你抓走"之类的话吓唬他(她)。不要带太小的幼儿去环境阴郁或有可能产生突然刺激的场所,如游乐场所中一些恐怖刺激的项目,不看充满暴力、血腥、恐怖、惊悚的画面。

9. 教幼儿了解害怕情绪和自我应对害怕:给幼儿讲故事和做游戏中,遇到引起害怕的情节时,假装夸张地做出害怕的样子,让幼儿知道害怕是这样的,如害怕的时候,眼睛会瞪得大大的,嘴巴咬得紧紧的,身体发抖,浑身紧绷,呼吸很快,心跳很快。但随后,要做出以下的应对行为,让幼儿理解害怕的事情并不那么可怕,而且是自己可以应对的。

◆ 自我言语鼓励:幼儿最常见的害怕的事情就是打针,所以可以玩医生游戏,幼儿扮演医生给娃娃打针,边打边说:"轻轻的,宝宝很快就好了"。打针的时候不要看针尖注射的过程,并学说儿歌:"袖子卷一卷,手臂弯一弯,脑袋歪一歪,告诉我自己,我不怕,我不怕,我不怕!"

◆ 想象"我是小英雄"：从故事或动画片中找一个幼儿喜欢的勇敢形象,如"蜘蛛侠""小龙女",想象自己是这个形象或这个形象在自己身边鼓励自己战胜害怕。例如,在心里对自己说"我是勇敢小英雄",并做出小英雄最常做的标志性动作,或者说出英雄最常说的标志性口号,为自己鼓起勇气。

◆ 深呼吸：教幼儿好像在呼吸他(她)喜欢闻的花香或食物的香味,稍微用力吸一口后停3秒,然后用上面的自我言语鼓励和想象小英雄的方法。

◆ 告诉适宜的处理方法：外出时,幼儿害怕在人群中走丢,就可以告诉他(她)："只要你待在妈妈身边,抓着妈妈的手,就不会找不到妈妈。万一你找不到妈妈了,一定要待在原地别动,妈妈会找到你的,或是找警察和穿制服的工作人员(事先根据所去的场所告诉可以向什么样的人寻求帮助)。"

◆ 培养独立性：平时注意培养幼儿的独立感,鼓励让幼儿自己处理力所能及的问题,这样幼儿就逐渐比较自信,懂得遇到挑战时能够镇静自若地去处理,那么也会减少幼儿遇事容易害怕的情况和程度。

消除害怕恐惧的亲子游戏

亲子游戏：勇敢做自己(3岁以上)

💙 **目标**：学会用语言表达害怕的情绪感受,树立正确的认知,学会战胜害怕。

💙 **准备**：绘本《勇敢做自己》,情景画。

💙 **玩法**：

1. 借助绘本,引出害怕。家长提问："小兔一个人在家,为什么害怕?"(看到窗帘轻轻抖了几下,听到嘀嗒嘀嗒声音,以为大灰狼来了。)

2. 家长给幼儿看事先准备好的情景画,与幼儿一起观察,如果有害怕的场景或动物指出来,跟我们一起说一说。

3. 继续读绘本,帮助幼儿理解小兔的爸爸妈妈是如何引导小兔说出自己的害怕,纠正其错误想法,培养自信,消除恐惧心理。

💙 **分析**：在日常生活中,每个人都会受到一些如生气、难过和害怕等负面情绪的困扰。活动中借助绘本《勇敢做自己》中小兔的角色,并结合幼儿的生活经验,让幼儿说出害怕的感觉,树立正确的认知,减轻或消除幼儿的恐惧心理,培养自信。

（十）如何应对幼儿的伤感

生活中的很多事情都会使幼儿陷入悲伤——心爱的玩具坏了、离开好朋友、家庭破裂、重要的人或者特别喜欢的小宠物的离世等,这些都会让他(她)们感到伤心或悲伤。父母的爱能帮助幼儿感受到自我存在的价值,传达出对生活的热爱与积极信念。当幼儿能正确地辨别出自己的悲伤情绪,并努力应对、接纳和转化不良的情绪,就能很快地振作起来,建立积极的人生态度。

当幼儿感到悲伤的时候,家长该如何帮助孩子应对呢?

1. 理解和接纳幼儿的悲伤情绪:无论多么快乐的幼儿都会有不高兴的时候。幼儿的情绪控制能力较弱,情绪波动起伏较大,很多情形都会令幼儿伤心或悲伤。幼儿的语言表达能力弱,伤心时通常是痛哭,或沉默不语,所以家长应该耐心陪伴,鼓励他(她)们倾诉并耐心倾听。有的家长看到幼儿伤心、不高兴,往往会说:"别哭了,要坚强。"这样的表述不仅否认了幼儿的悲伤情绪,而且会让幼儿压抑自己的情绪。事实上,有了伤心、难过的经验,幼儿才能理解别人的悲伤。在面对幼儿的悲伤情绪时,家长更不能责备幼儿。虽然家长的内心是爱着幼儿,但这样会让幼儿忽略家长讲话的内容,而关注家长的情绪。例如,心爱的玩具弄坏了,幼儿本来已经很不开心,想着如何把玩具弄好。可是,家长却很生气,骂了他(她),这时候,幼儿的注意力就会从"玩具坏了"转移到"妈妈在生气"上。所以,在面对幼儿的不良情绪时,家长要合理应对,理解和接纳幼儿的悲伤情绪。

2. 帮助幼儿了解伤心情绪,鼓励其恰当表达:利用生活情境,帮助幼儿去了解自己的情绪感受,能识别出自己的情绪,并了解情绪产生的原因是什么。例如,当看到幼儿伤心流泪时,可以问道:"看你哭得这么伤心,一定很难过。今天是不是发生什么事了?"通过言语反映幼儿的伤心,帮助幼儿了解自己的悲伤情绪。但是,不要对幼儿表现出来的伤心妄加评论和歪曲,描述所看到的,如:"小家伙,比赛输了,你很伤心吧?"这类对情绪的反馈,有助于幼儿了解自己内心的悲伤感受,知道自己的情绪是正常的,可以被别人接受,同样,别人也了解自己的感受。家长也要鼓励幼儿讲讲他们的伤心、不高兴,让幼儿学会把自己的悲伤感受告诉别人。但是,切勿强迫、勉强,而是让幼儿感觉到"自己不高兴,父母也很难过。他们愿意帮助自己,从而自觉自愿地说出缘由"。在日常生活中,可与幼儿谈论一些有关悲伤情绪及其产生原因的话题,还可以给幼儿讲一些主人公如何遭遇不幸、悲哀,如何积极面对生活的童话故事或者自己的悲伤亲身经历及如何对待的,这不仅能激发孩子的同情心,而且故事中主人公及父母对生活的乐观态度、处理方法,会潜移默化地影响着孩子。幼儿以后一旦遇到什么悲伤的事,才不会感到突然,以至束手无策。

3. 转移注意力,缓解幼儿的悲伤情绪:当成人发现幼儿不高兴、伤心时,可以采取转移注意力、开展运动及绘画游戏等方式来疏导、缓解幼儿的悲伤情绪。例如,拿出他(她)平时最喜欢的玩具、图书,让他(她)听欢乐的音乐,看逗乐的电视,和小伙伴们做游戏或带他(她)去动物园、郊外散步等。另外,家长要鼓励幼儿的积极情绪,如幼儿高兴的时候要尽可能延长这种状态,大人们在幼儿面前要多表现出积极的情绪。

应对伤感的亲子游戏

亲子游戏1:模仿(1岁以上)

💜 **目标:**感受快乐情绪,增进亲子关系。

💜 **准备:**舒适宽敞的地毯,爸爸妈妈共同参与活动。

💜 **玩法:**

1. 家长和幼儿面对面坐在一起,家长说"小手、小手拍一拍",引导幼儿做出相应的动作,如果做对了,家长也跟着一起做同样的动作,如果做错了就说"不对",然后家长做拍手的动作,让幼儿跟着模仿。

2. 再更换其他动作进行游戏,如"小脚、小脚跺一跺""眼睛、眼睛眨一眨""嘴巴、嘴巴嘟一嘟"等。

💜 **分析:**在舒适的游戏中幼儿感受有趣愉快的情绪,并积极地参与快乐气氛的创造,以利于良好亲子关系的建立。

亲子游戏2:表情书(3岁以上)

💜 **目标:**认识高兴、生气、伤心、害怕4种表情,学习用语言表达情绪感受。

💜 **准备:**4种人物表情的图片。

💜 **玩法:**

1. 成人做出高兴、生气、伤心、害怕4种表情,先让幼儿熟悉表情。

2. 将4种人物表情的图片贴在一本活页笔记本上,做成一本表情书。

3. 和幼儿一起看这本表情书,每看到一个表情,就问幼儿这是什么表情。说对了,成人做相应表情,并说出一件这种表情的事情。说错了,幼儿做相应表情,并说出一件这种表情的事情。

❤ **分析**：通过游戏使幼儿了解人的 4 种基本情绪,认识了高兴、生气、伤心、害怕的表情。并且,游戏中通过让说出与表情相应的事情,能根据生活经验来感受体验高兴、生气、伤心、害怕使教育的效果更具有效性。

（十一）如何对待幼儿的社交退缩

幼儿社交退缩是指幼儿不能主动与同伴交往,不愿到陌生的环境中去。社交退缩的幼儿不仅是缺乏人际交往的能力,难以应付各种人际交往情境,也是缺乏自信的表现。帮助幼儿克服自卑,树立自信对幼儿的健康成长至关重要。

幼儿退缩行为的形成与以下因素有关。

🍬 **气质基础**：有的幼儿与生俱来的气质特点偏退缩的,他(她)们初次见到陌生人、新事物或到新环境中显得畏畏缩缩、回避的样子,见人躲避、不愿意叫人,在陌生的地方显得很不自在,而实际内心仍愿意与人交往、接受新事物、新环境,只是热情启动缓慢、需要较长的适应时间;如果缺乏鼓励、甚至被责怪,幼儿内心逐渐形成的愿望就会很容易被压制下去,形成退缩行为。

🍬 **教养方式**：有的幼儿在家中被过于溺爱,任何要求均无条件满足,出现过分的以自我为中心,自理能力很差,一旦进入集体环境则不知所措,尤其当行为受约束、被老师批评、小朋友嘲笑后,容易产生害怕心理,不愿去幼儿园或上学、不愿交往。有的家长对幼儿一直是过于严厉,经常责备他(她),从小就缺乏自信,容易产生退缩。

🍬 **家庭环境**：有的幼儿受家长孤僻性格的影响,从小缺乏与外界的接触,适应性差,不知如何与人交往。有的家长经常当幼儿的面吵架、打架、闹离婚,使幼儿从小就担惊受怕,变得胆小、害怕、孤僻。

🍬 **交往受挫**：有的幼儿在原来的环境中并不退缩,但进入某个新环境后由于自身的缺陷(如肥胖、口吃等)或其他原因(如到外地或国外,语言发生障碍)不能受到公正对待,经常受到嘲笑、欺负,脆弱的自尊心受到打击,因此形成退缩的性格和行为。

🍬 **突发事件**：某些突发事件使幼儿受到强烈打击也会造成暂时的退缩,如最亲的家人突然死亡、自己遭受意外等。若能及时给予他(她)精神支持则很快度过,否则也会影响其以后的性格。

对于退缩的幼儿,家长不要强迫他(她)们立即接受,更不要指责,不要当众谈论幼儿的缺点,应耐心引导加鼓励。

1. 在见到陌生人或到没有去过的地方之前,先作好充分的准备,如提前告诉幼儿将要见到谁、要去哪里、要做什么,宝宝该怎样做,对他(她)有什么好处。

2. 鼓励幼儿参加各种社会活动。多方创造条件,使幼儿能和其他小朋友一起玩耍,一起做游戏,并多陪幼儿一起参加社交活动,让幼儿适应公共场所的活动。

3. 培养幼儿独立自主的能力,让幼儿学会自己管理自己。

4. 对幼儿不要溺爱,以免养成过分的依赖性,也不可粗暴,以免使幼儿恐惧不安,害怕与人接触。

5. 对幼儿在社交中出现的合群现象,应给予奖励,逐渐增加他们的社会活动,克服退缩行为。

6. 上幼儿园之前,可在家中有意识地鼓励孩子独立性,自己穿衣服、吃饭,提前去幼儿园熟悉环境和认识老师。

7. 用游戏和故事启发幼儿。拿幼儿平时喜欢的娃娃,和幼儿玩角色扮演游戏,通过角色扮演让孩子体验一些生活情景,增加其交往经验。

应对社交退缩的亲子游戏

亲子游戏 1:小小收银员(2 岁以上)

💗 **目标:**促进幼儿交往能力的发展。

💗 **准备:**各种玩具蔬菜,玩具收银机,纸做的钱币。

💗 **玩法:**

1. 幼儿扮演收银员,爸爸、妈妈买蔬菜。

2. 爸爸、妈妈说出想买的蔬菜,幼儿找到相应的玩具蔬菜,告诉爸爸、妈妈多少钱。

3. 爸爸、妈妈付钱,拿到要买的蔬菜后,引导幼儿说:"谢谢,欢迎下次光临。"

💗 **分析:**幼儿在游戏中体验交往的乐趣。

亲子游戏 2:主人和客人(3 岁以上)

💗 **目标:**学习交往技能,愿意和其他幼儿一起玩。

💗 **准备:**幼儿的小伙伴,卡通贴纸、卡片纸、笔。

💗 **玩法:**

1. 家长邀请幼儿的小伙伴来家里做客,让幼儿向小伙伴介绍自己的家,并分别进行自我介绍。

2. 进行手工贺卡制作。让幼儿和小伙伴用卡片纸、卡通贴纸和笔制作手工贺卡,将做好的手工贺卡作为礼物进行交换。

3. 准备好充足的玩具,让幼儿和小伙伴能将聚会进行到底。

4. 当小伙伴要离开时,幼儿礼貌地将他(她)们送到门口,并欢迎他们有空再来。

分析:通过与同龄小朋友建立友谊,并分享亲手制作的礼物,能激发幼儿交朋友的兴趣,发展幼儿的交往能力。

(十二) 如何培养幼儿的注意力

新生儿已有无意识的注意,如生后第一个月内外界各种强烈的刺激就可引起新生儿的注意。3个月的婴儿已能比较集中地注意人的脸及声音,但时间短暂。婴儿时期以无意注意为主,随着年龄的增长、生活内容的丰富、活动范围的扩大、语言的发展,逐渐出现有意注意。

学前儿童一般是无意注意占优势,注意时间短、容易分散,注意的范围小,注意容易转移。到5～6岁时能独立控制自己的注意。

所以,培养幼儿的注意力应当从婴儿期就着手,循序渐进,可从以下几个方面进行。

1. 提出具体的要求,明确目的:幼儿做游戏、画画、收拾东西时,以及要求他(她)们应该完成但又并非符合兴趣的事情时,都要向他(她)们讲清目的,提出具体而明确的要求和指导,使他们知道做什么、应该怎样做、达到什么目的。但是,要求不宜过高或过多,应适合幼儿的年龄和能力,培养他(她)们做事能够有始有终。例如,搭积木时先要求搭一个小桥,搭完后再搭一个小房子。另外,家长也不要反复地向幼儿提要求,这样不利于培养幼儿注意听的习惯。因为反复地提要求,幼儿会觉得这次没注意没关系,反正大人还会再讲。如果家长没有唠叨的习惯,幼儿反而可能会认真注意地听。

2. 排除外来干扰,创造安静环境:幼儿以无意注意为主,一切新奇、多变的事物都能吸引他们,干扰他们正在进行的活动。所以,在幼儿看书、绘画、做事情的时候,大人们要为幼儿创造一个安静的环境,不要在他(她)们身旁大声讲话、将电视和音响的声音放得很大或经常做些易分散幼儿注意的事。

3. 适当控制玩具和图书的数量:家长可以给幼儿买很多玩具和图书,但是在阶段时间内需要控制提供给幼儿的数量。玩具过多,幼儿一会儿玩玩这个,一会儿玩玩那个,很容易什么活动都开展不起来,什么都玩不长。留下适当数量的活动材料,其余的收起来,不仅常玩常新,也有利于注意力的培养。

4. 使活动富有趣味性:富有趣味的事情容易使幼儿产生兴趣,吸引幼儿的注意,而对枯燥的事情则很快失去注意。

5. 结合幼儿的表现,采取讲故事,树立榜样的方法:对于学前儿童可讲一些有寓意的故事,教导幼儿应当做事专心,不要三心二意。例如,《小猫钓鱼的故事》,大猫专心钓鱼,一会便钓到一条大鱼,而小猫不专心,见蝴蝶来了就去捉,结果一条鱼也没钓到。对于学龄儿童可树立能够使他(她)们信赖的榜样,按榜样来要求自己。

6. 有意注意时间不宜过长:儿童能够集中注意的时间比较短,集中注意的时间过长若超出年龄特点,会引起大脑疲劳,注意分散,所以在学习中要有适当的休息。一般1~2岁婴幼儿的注意时间为5~10分钟;3~4岁幼儿的注意时间为10~15分钟,最多能集中20分钟;5岁幼儿的注意时间一般为15~20分钟。

7. 制订合理的作息制度并严格遵守,适当控制看电视时间,使幼儿得到充分的休息和睡眠,是保证他(她)们精力充沛、注意集中地从事各种活动的前提条件。

培养注意力的游戏

亲子游戏 1:什么东西不见了(3 岁以上)

💟 **目标:**提高幼儿有意注意和记忆的能力。

💟 **准备:**画有不同水果图案的实物卡片 3 张。

💟 **玩法:**

1. 家长将 3 张卡片正面向上放置在桌上,让幼儿说出每张卡片上水果的名称。

2. 家长将 3 张卡片翻到背面,过一会,将其中两张卡片翻到正面。

3. 家长问幼儿:"没有翻过来的卡片上画的是什么水果?"幼儿通过回忆说出卡片上的水果。

4. 可以重复进行游戏。

💟 **分析:**父母可以更换不同图案的卡片来变化游戏,使孩子对游戏保持兴趣。

亲子游戏 2:辨大小(3 岁以上)

💟 **目标:**训练幼儿的有意注意。

💟 **准备:**纸牌一副。

💟 **玩法:**

1. 家长和幼儿面对面坐着,每人手上各拿一叠纸牌。

2. 家长数"1、2、3",然后同时各出一张纸牌。

3. 比较纸牌大小,最大的那个人立即拍一下桌子。

4. 拍错的人要受到惩罚(如刮下鼻子或挠痒痒等)。

💜 **分析:** 利用简单的纸牌比大小游戏,可以培养幼儿的有意注意。

亲子游戏3: 水果蹲(4岁以上)

💜 **目标:** 提高幼儿的有意注意力和反应力。

💜 **准备:** 不同水果的贴纸。

💜 **玩法:**

1. 爸爸、妈妈和幼儿站成一排,让幼儿站中间,爸爸妈妈站在两侧,每人身上贴上一张不同水果的贴纸,分别代表一种水果(例如,爸爸代表苹果,妈妈代表葡萄,幼儿代表香蕉)。

2. 爸爸先发号施令,自己一边做下蹲动作,一边说:"苹果蹲、苹果蹲、苹果蹲完葡萄蹲"。妈妈是葡萄,被点到名后,同样一边做下蹲动作,一边说:"葡萄蹲、葡萄蹲、葡萄蹲完香蕉蹲"。幼儿是香蕉,被点到名后,一边下蹲,一边发出指令让下一个水果(苹果或者葡萄)蹲。

3. 当没有接到游戏命令而蹲下,或者是接到命令没有蹲下的人被淘汰,命令发布错误的水果也被淘汰,例如,想将命令传递给葡萄,但葡萄已经被淘汰。

💜 **分析:** 游戏可以增加人数,也可更换不同的水果或蔬菜。游戏过程中必须要集中注意力,并且牢记自己和别人的水果。

(十三) 如何对待好动的孩子

幼儿学会独立行走和用手拿东西后,会变得非常好动。从早到晚,他们总是不知疲倦地进行活动,对什么都感到新鲜,都要摸摸动动。大人跟在他(她)后面,会感到很紧张,稍有疏忽,幼儿就可能把热水瓶打碎,甚至烫伤自己;或者用塑料袋把头蒙住,险些憋坏。他们还喜欢模仿成人做事。看见地上有菜叶,就会拿起扫帚,结果扫得满屋都是菜叶。吃完饭,想帮妈妈收拾碗筷,结果把碗打碎了。"不许""别动",大人常常这样禁止幼儿。但是,这是幼儿在探索、在学习、在了解自己的力量。如果一味打击他(她)的探索活动,他(她)的求知欲会泯灭,并且使他(她)怀疑自己的力量,扼杀正在萌发的自信心,这正是将来学习活动的障碍。

对待这些好动、活动水平高的幼儿,家长应注意培养幼儿的耐心和细心,训练保持一定时间安静,结合幼儿的兴趣适当做一些静的事情,如画画、拼图、听故事、看书等;同时,应该珍惜幼儿的积极性,抓住时机,加强引导。可以适当安排些运动量较大的活动,如果不让幼儿玩,他(她)会烦躁不安。例如,进行一些有意义的体育运动,在家中做些"家务",在幼儿园中帮老师做事情,这样既满足了他(她)好动的特点,避免了总是消极地制止他(她)乱跑乱动、大人跟在幼儿后面转来转去的操劳,又培养了多种能力。

另外,要注意安全。成人制止幼儿的活动往往出于爱护他们,怕出危险,怕损害物品。其实,只要成人注意把一切有可能造成伤害的东西收拾好就行了,不必用牺牲幼儿活动的方法换取安全。

对于一些不喜欢动的家长遇到好动的幼儿,要经常提醒自己不能期望幼儿像自己一样安静,在屋里或户外找一个安全的地方,放心地让幼儿玩,自己也尽可能与幼儿玩,或者找有精力的人陪他(她)玩。

对待好动孩子的亲子游戏

亲子游戏:木头人(3岁以上)

💜 **目标:**提高幼儿的自控能力。

💜 **准备:**《我们都是木头人》的儿歌。

💜 **玩法:**

1. 爸爸、妈妈和幼儿面对面坐着,一边拍手一边说:"一、二、三,我们都是木头人,不许讲话,不许笑,还有一个不许动。"

2. 念到儿歌最后一个字时,父母和幼儿各摆一个动作,并保持不动。

3. 如果谁先动了,就表示输了,另外两个人就可以对他(她)挠痒痒、刮鼻子等惩罚。

💜 **分析:**3岁以后发展起真正的自我调控能力,这个游戏可以提高幼儿的自控能力。

(十四)怎样对待幼儿的逆反、不听话

2岁以前的幼儿通常显得很顺从,但随着对自主性的追求,2~3岁时就不那么顺从了,经常说"不",反抗家长。幼儿说"不",就是向父母宣布:"我是一个独立的人。"他们用"不"来探索父母对他(她)的"反抗"有什么反应,来检验父母的权威,并建立他(她)们的权威。这正是幼儿关注自我、走向独立、建立自我的开始,是人生必经之路。心理学上称之为第一反抗期。第一反抗期是幼儿心理发展出现独立性的萌芽、幼儿自我意识迅速成长的表现,约

经历 1 年至 1 年半,4 岁以后就很少出现反抗现象了。不同的幼儿在反抗表现中各有程度上的差别。

如何应对幼儿的第一反抗期呢?

1. 成人要正确理解幼儿在第一反抗期的种种表现,尊重幼儿的合理主张,不要贸然打断幼儿正在玩的游戏或正在做的事。例如,幼儿"自己拿""自己吃""自己穿"等,尽管他(她)们还不熟练,成人应该让幼儿自己去做,并且给予适当的帮助和鼓励。

2. 倾听"不"的理由。究竟"不"的理由是否恰当,如果合理的话应采纳。

3. 对于有些危险性的动作或者行为,可以采取转移注意力,善于诱导或让幼儿去做其他事情,不要用"不许那样"之类命令式的口气或凭父母权威强迫幼儿听成人的话。

4. 对于幼儿的要求要态度明确,是非分明。对于合理的要求,成人尽量地鼓励与支持,同时对于不合理的要求,一定不能听之任之或百依百顺,有时可用冷处理的方法来终止幼儿的不合理要求,否则,就会养成幼儿任性、骄横的性格。可以和幼儿一起共同制定几条规矩,约法三章,避免惩罚。这里强调的是幼儿共同参与而不是父母将规矩"强加"给幼儿。这些规矩应该是合理的、容易做到的。其实,订立规矩的过程也是教育幼儿的过程。

5. 改变说话的方法和方式。例如,到了平时应该上床睡觉的时间,而幼儿还在玩积木,如果说:"停下来,现在上床睡觉。"得到的回答肯定是"不"。不妨这样说:"我知道你正玩得高兴,可是现在已经 9 点了,是你平时应该睡觉的时间,我希望你现在就去睡。"又如,餐桌上有鱼、牛肉、蛋、虾,如果问幼儿:"你要吃鱼吗?"回答肯定是"不";如果改用选择的问句:"你要吃鱼还是牛肉?"幼儿会回答:"我要吃鱼(或牛肉)。"这是因为后面一种问句尊重了孩子自己选择的意愿。有时父母大声说话,幼儿不容易接受,可以换一种说话方式,如在幼儿耳边悄悄说,效果可能很好。

6. 事先提醒,耐心等待。幼儿玩得正高兴地时候,如果父母突然一声令下:"吃饭了,不要玩了!"此时幼儿往往很难接受,而父母则会认为其不听话。父母应在吃饭前 10 分钟事先提醒幼儿:"快要吃饭了,把玩具收拾起来。"这时幼儿可能还在玩,父母应过几分钟再问:"玩具收拾好了没有?"再过几分钟父母可与幼儿一起收拾玩具,然后进餐。

7. 顺其自然,让孩子自己掌握一些因果关系。例如,冬天冷,如要求幼儿多穿衣服,可能被他(她)拒绝。此时父母可以顺其自然,让他(她)少穿衣服,到室外待一会,他(她)感受到寒冷后就自然会同意添加衣服。

"听话"是幼儿社会化过程中必备的一种能力,能"听话"的幼儿有更多的机会接受帮助和指导,及时纠正偏差,会有更快乐的人际关系,人格的发展更健康。

（十五）幼儿为什么不愿上幼儿园

幼儿要进幼儿园接受学前教育,对父母来说是件很高兴的事。然而,有的幼儿却不愿去幼儿园,哭哭啼啼,有的甚至没完没了地大吵大闹。当幼儿不愿去幼儿园时,首先要尽量弄清原因所在。

1. 对于刚刚准备上幼儿园的幼儿,可能的原因有对环境和老师伙伴的不熟悉,给他们带来陌生感,从而产生恐惧心理;也有可能是幼儿难以接受从个体、相对自由的生活方式过渡到集体、有规律的生活方式。

应对方案:家长要帮助幼儿做好入园前的准备工作,特别是对于气质属于适应慢、有退缩倾向的幼儿,更应提前作好充分的心理和行为上的准备,循序渐进地适应环境,而不是将幼儿强行推入新环境。例如,多给幼儿讲幼儿园有趣的故事,说明到幼儿园可以学到很多知识;带幼儿参观幼儿园几次,熟悉环境和老师、同学,看看幼儿园里小朋友在游戏、唱儿歌、听故事等;家里的作息安排和生活规定可尽可能贴近幼儿园的要求,以帮助幼儿能尽快适应幼儿园的要求。

2. 对于已经在幼儿园正常待过一段时间的幼儿,突然不去幼儿园,或者一提到去幼儿园就头痛、肚子痛等不舒服,那么原因就相对复杂一些。

原　　因	应　对　方　案
在幼儿园遇到了困难,受到了挫折。	帮助幼儿寻找克服困难的方法,鼓励幼儿有勇气、坚强面对。
在幼儿园的要求没有得到满足。	合理的要求可以尽量满足,不太合理的,则讲明规则和原因。
因生病、放假等原因隔了一段时间没有去幼儿园,面对重新适应感到很困难。	事先耐心做好准备工作,但对于送幼儿园一事持之以恒,没有特殊情况则无需特意中断,避免幼儿一哭闹就不送幼儿园。

总之,多鼓励幼儿与伙伴交往,多与老师沟通寻找幼儿的闪光点,帮助幼儿在幼儿园感到自信、快乐,融入了集体生活,那么,幼儿去幼儿园就会变得顺利许多。

三、0～6岁儿童社会情绪发展的红灯警告

如果孩子有以下这些表现中的任何一种,我们建议家长尽快带孩子就诊当地正规医院看儿童心理科医生或专家,如心理科、儿童保健科。

婴儿期（0~1岁）

- 不愿搂抱。

- 难以被安抚的长时间哭泣。

- 睡眠或进食问题（睡眠太少、太多，或吃得太多或太少）。

- 生长滞后。

- 几乎不能寻求眼神交流或通常回避与家长的目光接触。

- 对于强烈的互动或吸引似乎没有反应。

- 很少发声、没有咕咕声或牙牙学语。

- 不能很好地调节情绪。

幼儿期和学龄前期（1~6岁）

- 不喜欢或过度依赖家长或其他主要抚养人。

- 对陌生人不会感到害怕。

- 过度烦躁不安或害怕。

- 不能恰当地表达感受或表达感受的能力有限。

- 对于周围的人或玩具缺乏兴趣或好奇。

- 不能探索周围的环境。

- 经常看起来伤心和退缩。

- 有不恰当的性行为。

- 有不恰当的冲动或攻击行为。

- 不能让人感到安心的过度恐惧。

- 经常夜惊。

- 经常大发脾气。

- 明显的语言发育迟缓。

- 对于顺序或清洁表现出不寻常的要求。

- 经常受伤以至于家长一直要盯着他（她）。

- 受伤时没有反应。

- 在公共场合会跑开。

- 会被食物呛住、噎住。

- 看起来非常不高兴、伤心、沮丧或退缩。

- 心烦时，变得非常安静、呆住或不动。

- 一遍又一遍地把物品按特定的顺序排好，若被打断就变得烦躁不安。

✎ 一遍又一遍地重复同一个动作或语句而并无乐趣。

✎ 一遍又一遍地重复某个特定的动作。

✎ 与外界隔离,完全不知道发生在他(她)身边的事情。

✎ 没有目光交流。

✎ 避免身体接触。

✎ 故意伤害自己。

✎ 吃或喝一些不可食用的东西(如纸或油漆)。

参考文献

1. 任芳,张劲松. 婴幼儿症状检查表的信度和效度初步探讨. 中国儿童保健杂志,2016,24 (6):570-572.

2. 任芳,张劲松. 幼儿儿科症状检查表中文版本的初步制定. 中国儿童保健杂志,2017,25 (7):664-667.

3. 张劲松,许积德,李丰. "心理社会问题筛查—儿科症状检查表"在住院患儿中的应用. 临床儿科杂志,2002,20(4):230-231.

4. 沈晓明,金星明. 发育和行为儿科学. 江苏科学技术出版社,2003.

5. 张劲松,姚国英. 0~6岁儿童心理健康保健——儿童保健医生指导手册. 上海:上海科学技术文献出版社,2010.

6. 张劲松. 临危不惧——儿童心理危机之自我应对. 上海:复旦大学出版社,2014.

7. 张劲松. 学前儿童心理健康指导. 上海:复旦大学出版社,2013.

8. 刘湘云,陈荣华. 儿童保健学. 第3版. 南京:江苏科学技术出版社,2016.

9. 林红,王成彪. 父母与子女的心理辅导:呵护孩子心灵成长. 北京:北京大学医学出版社,2012.

10. 陈帼眉. 学前儿童发展心理学. 北京:北京师范大学出版社,2012.

11. 郭建红. 皮亚杰. 亲子游戏育儿法. 北京:北京理工大学出版社,2012.

12. Sheldrick RC,Henson BS,Neger EN,et al. The baby pediatric symptom checklist:development and initial validation of a new social/emotional screening instrument for very young children. Academic Pediatric Association,2013,13(1):72-80.

13. Sheldrick RC,Henson BS,Merchant S,et al. The preschool pediatric symptom checklist(PPSC):development and initial validation of a new social/emotional screening instrument. Academic Pediatric Association,2012,12(5):456-467.

图书在版编目(CIP)数据

0~6岁儿童社会情绪发展指导/张劲松主编. —上海：复旦大学出版社，
2019.1(2021.12 重印)
ISBN 978-7-309-13998-3

Ⅰ.①0... Ⅱ.①张... Ⅲ.①婴幼儿-情绪-自我控制-能力培养-幼儿师范学校-教材
Ⅳ.①B844.1

中国版本图书馆 CIP 数据核字(2018)第 240438 号

0~6岁儿童社会情绪发展指导
张劲松　主编
责任编辑/傅淑娟

复旦大学出版社有限公司出版发行
上海市国权路 579 号　邮编：200433
网址：fupnet@ fudanpress. com　http://www.fudanpress.com
门市零售：86-21-65102580　　团体订购：86-21-65104505
出版部电话：86-21-65642845
上海华业装潢印刷厂有限公司

开本 890×1240　1/16　印张 6.25　字数 111 千
2021 年 12 月第 1 版第 3 次印刷

ISBN 978-7-309-13998-3/B · 681
定价：25.00 元